新塑性加工技術シリーズ　7

衝撃塑性加工

—— 衝撃エネルギーを利用した高度成形技術 ——

日本塑性加工学会　編

コロナ社

■ 新塑性加工技術シリーズ出版部会

部 会 長	浅 川 基 男	（早稲田大学名誉教授）
副部会長	石 川 孝 司	（名古屋大学名誉教授，中部大学）
副部会長	小 川　　茂	（新日鉄住金エンジニアリング株式会社顧問）
幹　　事	瀧 澤 英 男	（日本工業大学）
幹　　事	鳥 塚 史 郎	（兵庫県立大学）
顧　　問	真 鍋 健 一	（首都大学東京）
委　　員	宇都宮　　裕	（大阪大学）
委　　員	高 橋　　進	（日本大学）
委　　員	中　　哲 夫	（徳島工業短期大学）
委　　員	村 田 良 美	（明治大学）

（所属は 2016 年 5 月現在）

刊行のことば

ものづくりの重要な基盤である塑性加工技術は，わが国ではいまや成熟し，新たな展開への時代を迎えている.

当学会編の「塑性加工技術シリーズ」全19巻は1990年に刊行され，わが国で初めて塑性加工の全分野を網羅し体系立てられたシリーズの専門書として，好評を博してきた．しかし，塑性加工の基礎は変わらないまでも，この四半世紀の間，周辺技術の発展に伴い塑性加工技術も進歩を遂げ，内容の見直しが必要となってきた．そこで，当学会では2014年より新塑性加工技術シリーズ出版部会を立ち上げ，本学会の会員を中心とした各分野の専門家からなる専門出版部会で本シリーズの改編に取り組むことになった．改編にあたって，各巻とも基本的には旧シリーズの特長を引き継ぎ，その後の発展と最新データを盛り込む方針としている.

新シリーズが，塑性加工とその関連分野に携わる技術者・研究者に，旧シリーズにも増して有益な技術書として活用されることを念じている.

2016年4月

日本塑性加工学会　第51期会長　真　鍋　健　一

（首都大学東京教授　工博）

■ 「衝撃塑性加工」 専門部会

部 会 長　山　下　　実（岐阜大学）

副部会長　外　本　和　幸（熊本大学）

■ 執筆者

山　下　　実（岐阜大学）　1章，2.2節，6章

佐　藤　裕　久（元東北学院大学）　2.1，2.3，2.4節

外　本　和　幸（熊本大学）　3章，4章

藤　田　昌　大（熊本大学名誉教授，崇城大学名誉教授）　3章

大　塚　誠　彦（旭化成株式会社）　3章

長谷部　忠　司（神戸大学）　4章

今井田　　豊（同志社大学名誉教授）　4章

根　岸　秀　明（電気通信大学名誉教授）　5.1節

相　沢　友　勝（東京都立工業高等専門学校名誉教授）　5.2.1項，

　　　　　　　5.5.1〜5.5.2項，5.5.6項

杉　﨑　孝　良（株式会社神戸製鋼所）　5.2.2項

花　田　幸太郎（産業技術総合研究所）　5.3.1項

村　田　　眞（電気通信大学名誉教授）　5.3.2項

小　出　茂　幸（元日本バルジ工業株式会社）　5.3.3項

橋　本　成　一（株式会社神戸製鋼所）　5.3.4項

高　橋　正　春（産業技術総合研究所）　5.4.1項

村　越　庸　一（元産業技術総合研究所）　5.4.2〜5.4.3項

岡　川　啓　悟（東京都立産業技術高等専門学校名誉教授）　5.5.3

　　　　　　　〜5.5.5項

（2017年7月現在，執筆順）

相沢　友勝
阿部　裕司
荒木　正任
石川　孝
伊妻　猛志
今井　豊
内田　幸彦
大森　正信
小田　明
恩澤　忠男
亀山　龍一郎
河合　栄一郎
久保田　彰
小出　茂幸

佐藤　裕久
佐野　利男
杉﨑　孝良
鈴木　秀雄
高橋　正春
伊達　秀文
根岸　秀明
広橋　光治
藤田　昌大
藤原　修三
村上　善一
村越　庸一
村田　眞
柳原　直人

（五十音順）

ま　え　が　き

　本書は，1993 年に社団法人 日本塑性加工学会の高エネルギー速度加工分科会の委員が中心になり，多数の研究や技術開発の成果等を踏まえて執筆，発行された専門書籍『高エネルギー速度加工』に改訂を施したものである．書名については，塑性加工技術としてわかりやすく簡潔な「衝撃塑性加工」に変更した．改訂作業は，現在の分科会の主要委員と当時の執筆者の一部が中心となって行った．

　衝撃塑性加工の代表的なものは，爆薬を用いる爆発加工，コンデンサーに蓄えた電荷の液中放電を利用する放電成形，衝撃電磁力を利用する電磁成形や電磁接合，高圧ガスでピストンを高速駆動して行う高速押出しや高速鍛造がある．衝撃塑性加工に用いるエネルギー源は，爆薬や放電エネルギー，電磁力，高圧ガスと多様であり，通常の塑性加工と変形速度が大きく異なる点が特徴である．それに伴って塑性変形挙動もいわゆる普通のひずみ速度下のものとは大きく異なる．衝撃塑性加工は，高ひずみ速度下の塑性変形現象を積極的に利用し，成形品の高付加価値化や通常の塑性加工法では不可能なことを実現できる加工法ともいえるのである．

　本書では，はじめに衝撃塑性加工における加工技術としての特徴や各種加工法について一般的事項を示す．2 章では，高速塑性変形の捉え方や考え方をまず述べ，材料が高速変形するときの金属学的あるいは塑性学的な解説と高ひずみ速度下の材料試験法を解説した．3 章では，爆発エネルギーを利用する加工法として，爆発加工や異種金属を接合する爆発圧着，金属の表面硬化法，粉末固化や合成法を述べた．4 章では放電成形を解説し，薄板の精密成形について

も事例を示した．5章では電磁力を利用した電磁成形と電磁接合について詳細な解説を加え，具体的な製品例も含めた．6章では，高圧ガスで駆動する高速プレス装置と代表的な事例を解説した．

　ご多用の中，ご協力いただいた執筆者各位に心より御礼申し上げ，発刊に際しご尽力いただいたコロナ社に対して，深く感謝申し上げる．

　2017年8月

「衝撃塑性加工」専門部会長　　山　下　　実

目　　　次

1.　序　　　論

1.1　衝撃塑性加工（高エネルギー速度加工）の概念 ……………………… 1

1.2　技術開発の経緯 …………………………………………………………… 2

1.3　衝撃塑性加工の様式と特性 ……………………………………………… 3

　1.3.1　衝撃塑性加工の種類 ………………………………………………… 3

　1.3.2　爆発エネルギーを利用する加工方式 …………………………… 5

　1.3.3　放電エネルギーを利用する加工方式 …………………………… 7

　1.3.4　電磁エネルギーを利用する加工方式 …………………………… 9

　1.3.5　高圧ガスや衝撃水圧を利用する方式 …………………………… 11

2.　高速変形の基礎と材料試験法

2.1　高速変形・試験の考え方 …………………………………………… 12

　2.1.1　概要と前提条件 ……………………………………………………… 12

　2.1.2　基本特性を定める高速材料試験 ………………………………… 14

　2.1.3　高速変形データ取得の困難さ …………………………………… 17

2.2　高速変形の金属学 ……………………………………………………… 19

　2.2.1　金属の変形挙動に影響を及ぼす諸因子 ………………………… 19

　2.2.2　変形抵抗に及ぼすひずみ速度の影響 …………………………… 20

　2.2.3　変形能に及ぼすひずみ速度の影響 ……………………………… 25

2.2.4 変形抵抗および変形能に及ぼすひずみ速度履歴の影響 ……………… 34

2.3 機 械 的 特 性 …………………………………………………………… 34

2.3.1 高速塑性変形のモデリング ………………………………………… 34

2.3.2 基本特性と構成式 …………………………………………………… 35

2.3.3 不連続波と衝撃圧縮曲線 …………………………………………… 44

2.4 試 験 ・ 計 測 法 ……………………………………………………… 47

2.4.1 高ひずみ速度・材料試験の特殊性 ………………………………… 47

2.4.2 SHPB 圧縮法 ………………………………………………………… 48

2.4.3 一次元弾性波理論の適用 …………………………………………… 52

2.4.4 応力波効果とその対策 ……………………………………………… 54

2.4.5 摩擦効果とその対策 ………………………………………………… 55

2.4.6 ひずみ速度およびその推移の制御に関する検討 ………………… 56

2.4.7 標準的な SHPB 圧縮法 ……………………………………………… 58

引用・参考文献 …………………………………………………………………… 59

3. 爆 発 加 工

3.1 爆発加工の概要 ………………………………………………………… 62

3.1.1 概要と技術開発の経緯 ……………………………………………… 62

3.1.2 爆発加工の種類 ……………………………………………………… 63

3.2 爆 発 圧 着 …………………………………………………………… 66

3.2.1 理 論 ……………………………………………………… 66

3.2.2 実 際 ……………………………………………………… 73

3.2.3 クラッドの利用例 …………………………………………………… 81

3.2.4 管 の 接 合 ……………………………………………………… 83

3.2.5 爆発圧着の新しい展開 ……………………………………………… 92

3.3 爆 発 成 形 …………………………………………………………… 93

3.3.1 理 論 ……………………………………………………… 93

3.3.2 設 備 と 実 際 ……………………………………………………… 96

3.3.3 各種の工夫と利用例 ………………………………………………… 96

3.4 爆 発 硬 化 …………………………………………………………… 98

viii　　　　　　目　　　　次

　　3.4.1　理　　　　　論 ································· 98
　　3.4.2　実際と利用例 ····························· 100

3.5　爆　発　圧　粉 ····································· 107
　　3.5.1　理　　　　　論 ································ 107
　　3.5.2　実際と利用例 ····························· 108

3.6　爆　発　切　断 ····································· 110
　　3.6.1　理　　　　　論 ································ 110
　　3.6.2　適　用　例 ······························ 113

3.7　爆発エネルギーの新しい応用 ···················· 114
　　3.7.1　物　質　の　合　成 ······················ 114
　　3.7.2　超高磁場の発生と爆薬発電機 ················ 118
　　3.7.3　溶接残留応力の軽減 ······················ 120

3.8　爆発加工用設備 ································ 122

3.9　火薬類と火薬類取締法 ·························· 125

引用・参考文献 ···································· 127

4.　放　電　成　形

4.1　放電成形の概要 ································ 131
　　4.1.1　概要と技術開発の経緯 ···················· 131
　　4.1.2　放電成形の方式 ························· 132

4.2　放電現象の基礎 ································ 134
　　4.2.1　放　電　現　象 ························· 134
　　4.2.2　放　電　回　路 ························· 136
　　4.2.3　放　電　圧　力 ························· 143

4.3　放電圧力を利用した塑性加工 ···················· 147
　　4.3.1　板または管材の成形 ······················ 147
　　4.3.2　バルク材の圧縮・鍛造 ···················· 159
　　4.3.3　粉　末　成　形 ························· 160
　　4.3.4　特　殊　成　形 ························· 164

引用・参考文献 ·· 166

5. 電 磁 成 形

5.1 電磁成形の概要 ··· 168

  5.1.1 概要と技術開発の経緯 ·· 168

  5.1.2 電磁成形の様式 ·· 169

5.2 電磁力発生の基礎 ··· 170

  5.2.1 電磁力発生と制御 ·· 170

  5.2.2 コイルの設計と製作 ·· 175

5.3 板材・管材成形と接合 ··· 177

  5.3.1 板 材 成 形 ·· 177

  5.3.2 管 材 成 形 ·· 181

  5.3.3 接 合 ·· 188

  5.3.4 自動車製造における電磁成形の活用 ······················· 191

5.4 電磁成形の応用例 ··· 194

  5.4.1 薄肉管の矯正加工 ·· 194

  5.4.2 アモルファス合金のせん断加工 ···························· 197

  5.4.3 粉 末 成 形 ·· 202

5.5 金属薄板の電磁圧接 ·· 206

  5.5.1 概要と技術開発の経緯 ·· 206

  5.5.2 平板状コイルおよび圧接原理 ······························ 207

  5.5.3 放電電流および衝突時間信号の測定 ······················· 209

  5.5.4 両面からの電磁圧接 ·· 213

  5.5.5 片面からの電磁圧接 ·· 215

  5.5.6 電磁圧接の技術展開 ·· 219

引用・参考文献 ··· 220

6. 衝撃ガス圧成形

6.1 高 速 鍛 造 …………………………………………………… 223

  6.1.1 概　　　　要 …………………………………………… 223

  6.1.2 加 工 機 械 …………………………………………… 225

  6.1.3 金　　　　型 …………………………………………… 227

  6.1.4 加　工　例 ……………………………………………… 227

6.2 高 速 押 出 し ……………………………………………… 228

  6.2.1 概　　　　要 …………………………………………… 228

  6.2.2 加工機械および工具 …………………………………… 230

  6.2.3 製　品　例 ……………………………………………… 231

6.3 高 速 せ ん 断 ……………………………………………… 232

  6.3.1 概　　　　要 …………………………………………… 232

  6.3.2 装　　　　置 …………………………………………… 233

  6.3.3 製　　　　品 …………………………………………… 235

引用・参考文献 ………………………………………………… 236

索　　　引 ……………………………………………………… 238

1 　序　　論

1.1　衝撃塑性加工（高エネルギー速度加工）の概念

　大型の水槽の中で爆薬を爆発させると，爆薬は瞬時に高温・高圧の気体となって膨張し，このとき，水中に衝撃波が発生する．そこで，水槽中に加工物と型を置けば，加工物は衝撃波の圧力によって型に向かって高速度で運動し，変形する．そして大型あるいは肉厚の製品の場合には，2，3回の衝撃を必要とするが，通常は1回の衝撃で所定の形状の製品が得られる．この材料加工法は爆発成形と呼ばれ，衝撃塑性加工の一つである．衝撃塑性加工は，爆薬のような何らかの形態で蓄えられているエネルギーを瞬時に取り出し，それをすべて瞬時のうちに加工物に与えて高速度で加工を行う技術の総称である．

　代表的な加工法には

（1）　火薬類の爆発エネルギーを利用する爆発成形

（2）　液中に設けた電極間の高電圧放電のエネルギーを利用する放電成形

（3）　衝撃磁場のエネルギーを利用する電磁成形

（4）　高圧ガスなどの持つエネルギーによるピストンの高速駆動を利用する高速プレス

がある．

　衝撃塑性加工は使用するエネルギー源に特徴があり，そこから生じるエネルギーは $10^{-3} \sim 10^{-4}$ 秒程度の間に衝撃的に加工物に作用して高速度加工をもたらす．このことは，例えばドロップハンマーが加工エネルギー量を増大させる

ために，人力から蒸気・液圧・油圧駆動へと，より大きい質量のハンマーを持ち上げる技術の開発を進めてきたのに対し，衝撃塑性加工では，ハンマーの持つ運動エネルギーが質量 m と速度 v とによって $mv^2/2$ で表されることから，速度を増加させることでエネルギー量の増大を図るという立場で開発が進められてきた．

1.2 技術開発の経緯

衝撃塑性加工が材料加工技術として工業的に認められるようになったのは1950年以降のことである．それ以前にも19世紀末から20世紀初めにかけて英国および米国において爆発成形に関する特許が公示されている．これらは実用利用されなかったが，引き続き火薬による金属の破壊作用の研究，水中衝撃波の研究あるいは金属材料の高速変形挙動の研究などが進められており，潜在的には爆発成形の概念は残っていたものと思われる．

産業の発達，特に第二次世界大戦を境にして飛躍的な発展を遂げた航空機関連産業では，戦後の本格的な超音速飛行と宇宙飛行の時代を迎え，使用機器の機能的あるいは強度的な要求から各種の高張力合金や耐熱合金を採用する必要に追られていた．そして，これに見合う材料もつぎつぎに開発され，それを加工するための有効な技法の開発が強く要請されていた．また，大型ロケット用の大型部品や複雑形状部品の需要が増えるにつれて，少量生産ではあるが精密な寸法公差の製品が要求され，これらを効率的に製作するための技法が模索されていた．その対応策として1950年代の初めに米国において爆発成形の実用化が図られ，大型厚板材の絞り加工やバルジ加工が試みられた．

爆発成形の実用化は，主として破壊を目的に利用されていた爆薬を新しく開発された難加工材料を含む各種の材料の成形加工に応用したこと，大型の機械装置によらずに大型部品の成形加工を可能にしたこと，またそれらの試作や少量生産が比較的容易に，かつ経済的に行うことができることを立証したことから各国の注目を集めた．その後，この方面の技術開発と応用研究が航空宇宙を

はじめ，自動車，電機，原子力など多くの産業分野で促進され，爆発エネルギーによる金属と金属の圧着，金属の表面硬化，金属粉末の圧縮成形などの技術がつぎつぎに開発された．

これが刺激となって材料加工の研究が促進され，1960年までに液中放電成形や電磁成形が開発され，実用化への道が開かれた．液中放電成形は主として1920年以降の水中音波の研究などを目指して行われた液体中に沈めた電極間の放電現象の研究，電磁成形は同じ頃からの衝撃磁場の発生と関連する物理研究が下地となって技術開発が進められた．

これらは板材あるいは管材の二次加工を目的として開発されたものであるが，その一方，材料の高速変形挙動を研究するために開発された圧縮ガス駆動の材料試験機を塑性加工法に応用する研究も行われ，鍛造や押出しを主用途とする高速鍛造機や高速プレスが開発された．1980年代後半には衝撃超高圧発生装置としての利用法があらためて研究され，チタン合金やアモルファス合金粉末の圧縮合成のような新材料の合成への応用技術が開発された．

1.3　衝撃塑性加工の様式と特性

1.3.1　衝撃塑性加工の種類

表1.1に衝撃塑性加工に含まれる代表的な加工法について，それがどのような加工に適用できるのか，利点と問題点などの情報を示した．ここで，爆発成形の直接工法による加工法のうちで，通常，圧着は爆発圧着または爆着，表面硬化は爆発硬化，切断は爆発切断と呼ばれており，また粉末圧縮は爆発圧粉，爆発圧搾，衝撃・爆発圧粉とも呼ばれる．

なお，ここでは爆発成形を爆薬を利用する加工法の総称として用いているが，爆発成形は板材や管材の成形加工法の意味にも用いられているので，紛らわしい場合には，総称を爆発加工とすることもある．電磁成形による締結加工は，通称，電磁かしめまたは電磁圧着と呼ばれる．

表 1.1 衝撃塑性加工の種類

名称	爆発成形 爆発工法 間接成形	爆発成形 直接成形	放電成形 細線爆発法	放電成形 火花放電法	電磁成形	高速プレス
適用加工法	板成形 フランジ成形 打抜き加工 圧印加工 エンボス加工 サイジング ビーディング 拡管成形 締結加工 粉末圧縮	溶接 圧着 切断 穴あけ 表面硬化 粉末圧縮	バルジ成形 フランジ成形 引抜き 打抜き加工 圧印加工 引張成形 エンボス加工 サイジング	バルジ成形 フランジ成形 引抜き 打抜き 圧印加工 引張成形 エンボス成形 サイジング	スエージ加工 バルジ成形 サイジング フランジ成形 打抜き加工 圧印加工 縮結加工 穴あけ 矯正 粉末圧縮	鍛造 押出し 粉末圧縮 圧印加工
エネルギー源　エネルギー放出方法	爆発	爆発	細線の気化	媒体イオン化	衝撃磁場	高圧ガス
エネルギー源　エネルギー媒体	水, 空気	直接接触	水, 空気	水, 空気	空気, 真空中	ラム
エネルギー源　圧力波速度 [m/s]	1 500～8 000	1 200～7 600	6 000	6 000	3 000～6 000	5～22
エネルギー源　圧力波持続時間 [s]	10^{-3}	10^{-3}	10^{-4}	10^{-4}	10^{-4}	10^{-3}
経費　設備費	低	低	中	中	中	高
経費　工具費	低	低	低	低	低～中	中
経費　操作費	高	中	小	中	低～中	低
経費　エネルギー費	低	低	中	中	低	低
経費　1工程の所要時間	長	長	中	短	短	短
利点と問題点　利点	圧力制限なし 大型部品	超高圧力	制御性 再現性	制御性 連続加工法	制御性 連続加工法	精密鍛造
利点と問題点　問題点	爆音・振動	爆音・振動	生産性	電極の寿命	コイルの強度	寿命, 型

1.3.2 爆発エネルギーを利用する加工方式

〔1〕 爆 発 成 形

図1.1 および**図1.2**は爆発成形の基本成形様式である．適用できる作業には，板材の張出し，絞り，せん断，フランジ加工，管材のバルジ加工，口絞り，口広げ，ビーディング，管壁のせん断などがある．おもな特長としては，つぎの点が挙げられる．長所としては

（1） 利用できる爆発エネルギー量に制限がないので，慣用の加工機械の能力では困難な，あるいは不可能と思われるような大型部品の製作が可能

（2） 加工物の形状や加工の種類に対応して球状，コード状，シート状あるいは液状の爆薬を選択して使用できる

（3） チタン合金やステンレス鋼などの難加工材料の成形加工が可能であり，材料によっては静的変形よりも破断伸びが大きくなり，工程数の削

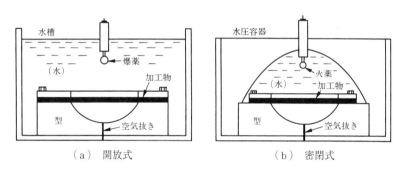

図1.1 爆発成形（平板の成形）

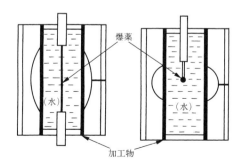

図1.2 爆発成形（管材の成形）

減も期待できる

（4） スプリングバックが少なく高精度な成形ができる

（5） 加工時間が短いので，少量生産の場合には型材料として樹脂のような機械的に弱い材料も使用できる場合，型の製作時間と費用が軽減される

などが長所であって，おもに（1）と（2）の特長を生かして大型ロケット部品や化工機用大型鏡板，パラボラアンテナなどの大型部品の製作に使用されている．大型部品は，一般的に自由成形または開放式によって成形される．

問題点としては

（1） 成形作業の準備に時間を要するので量産には不利である

（2） 爆発音と作業時の保安に十分な対策が必要である

ことが挙げられる．

〔2〕 爆 発 圧 着

爆発成形の際に被加工材が金型に衝突して圧着されることがある．爆発圧着はこれを利用して金属を常温で接合する技術として開発され，1965年以降において急速に実用化が進展した．図1.3は爆発圧着の模式図である．

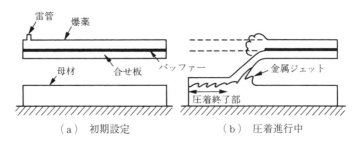

図1.3 爆発圧着の模式図

爆発圧着のおもな用途は，クラッド材（爆着クラッド）の製造である．量的にはチタン，ジルコニウム，ステンレス鋼などを耐食部材（合せ板）として，強度部材（母材）に軟鋼や鋳鋼を用いた2層の耐食性構造用クラッド鋼が最も多く，化学プラントや火力・原子力発電の設備，各種圧力容器などの分野で使用されている．この方法によれば，ほとんどすべての金属について，それらを

組み合わせた接合が可能であり，融点の差の大きい材料，硬度の異なる材料，熱膨張差の大きい材料などのクラッドの製造にも適用できる．多層クラッド板も製造されている．ただし，爆発の衝撃で割れやすい鋳鉄などの接合は難しい．爆着クラッド鋼板を熱間または冷間圧延して大寸法のクラッド薄鋼板を安価に得る方法が実用化されている．化学プラントや耐海水用材としてのチタン爆着圧延クラッド鋼板，リニアモーター用の非磁性・強磁性複合材としてのアルミニウム・鋼クラッドなど，異種金属の組合せによって新たな機能を持つ材料が誕生し，さまざまな分野で利用されている．

管材クラッドも工業化されており，液体窒素など極低温液体の容器や配管継手として活用されている．そのほか，圧着技術は多管式熱交換器の伝熱管と管板との接合に使われている．

爆発圧着は異種金属の接合法として信頼性が高く，今後さらに新しい用途の開発が期待される．

〔3〕 爆 発 硬 化

爆轟時に発生する衝撃波により金属材料の表面硬化を行う技法は爆発硬化と呼ばれている．爆発硬化は部材の寸法を変えずに，その箇所だけを相当の深さまで硬化させることができる．レール，レールクロッシング，ブルドーザーつめ，圧延ロールのような高強度，耐摩耗性が要求される部品に適用されている．

〔4〕 爆 発 圧 粉

爆発圧粉は爆発圧搾とも呼ばれ，爆発圧力を利用して粉末を圧縮し固形化する技法である．チタン合金などの金属粉末，セラミックス粉末，高分子粉末などを対象に，爆発圧力で加速された飛翔体を用いて粉末をつき固める方法と，粉末を管状容器に充填して，その周囲から爆発圧力を作用させて固形化する方法がある．

1.3.3 放電エネルギーを利用する加工方式

放電成形（液中放電成形）だけが実用化されている．放電成形は，**図1.4** のように，加工液（通常は工業用水か水道用水）の中に加工物と電極を配置して，

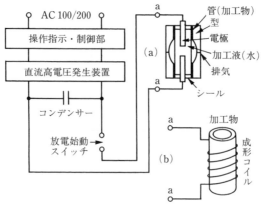

(電磁成形(縮管成形)の場合は(a)の
a-aに成形コイルを接続する)

図1.4 放電成形装置の基本構成と成形コイル

電極間に高電圧放電を生じさせるか，または電極間に金属細線を張って導線放電させ，このときに発生する衝撃波の圧力を加工に利用する方法である．放電の安定性やエネルギー効率の点から一般には導線放電方式が採用されている．

加工エネルギーはコンデンサーに蓄えられ，コンデンサーの容量 C と充電電圧 V により $CV^2/2$ で決まる．標準的な C の値は $10 \sim 500\,\mu\mathrm{F}$，$V$ は $30\,\mathrm{kV}$ 以内であって，加工目標と装置の設置条件を考慮して設定値を定めればよい．電極間に張る金属細線にはアルミニウムや銅の箔または細線の単線，細線を束にしたもの，コイル状にしたもの，編み込んだもの，加工物の形状に合わせたものが使用されている．金属細線の長さは $300\,\mathrm{mm}$ 程度までが放電可能範囲とされており，これの長短によって，発生する衝撃波の伝播は円筒状あるいは球状になる．

放電成形の特長には
（1）加工エネルギー量の制御をコンデンサー充電エネルギーの調整によって容易に行うことができる
（2）自動化運転が可能である
（3）爆発成形のような作業場の立地条件に制限を受けることはなく，成形

装置を工場内に設置し，生産ラインに組み込むことができる

などがある．成形装置の容積と容量を配慮すれば，放電成形は爆発成形のような大型部品の成形を目指すのではなく，中小の部品の成形を目標にした方が適切である．問題点は，放電のたびごとに金属細線を張り替えるので成形のサイクル時間が長くなることである．このため，1960年代に国産の放電成形機で行われたいくつかの実用化実験において，工業用ポンプのローターを丸棒の切削加工品から放電成形による管のバルジ加工に代えたことで加工工程の短縮とコストの低減が見込まれるなどの報告もあったが，その後の大きな進展は見られなかった．

1.3.4　電磁エネルギーを利用する加工方式
〔1〕　電　磁　成　形

電磁成形は磁場の持つエネルギーを利用して金属の塑性加工を行う技術であって，十分な加工を得るためにはコンデンサーに蓄えた大電荷を瞬時にコイルに放出することによって生じる瞬間強磁場が必要である．よって成形装置は，図1.4の放電成形装置が利用できる．この場合，電極を空気中に出して，そこへ磁場発生用コイルを接続すればよい．

電磁成形の特長は，エネルギー蓄積部が放電成形の場合と同じなので，エネルギー制御関係，自動化，生産ライン化については放電成形と同様なことがいえる．大きな長所は放電成形や爆発成形のような加工力を伝えるための水を必要とせず，成形が大気中でも真空中でも可能なことである．問題点は，成形可能な材料に制限があり，また大きな加工力を発生させたときにその反力でコイルが損傷を受けやすいことである．

これらを考えて，電磁成形はおもに中・小型の部品製造や組立てに使用されている．管材成形では**図1.5**のようなソレノイドコイルが用いられる．図のように，コイルと金属管加工物が同心状にセットされている場合には，金属管は一様な大きさの外圧を受け縮管される．これにより，管の内側に置かれた型による成形やせん断，プラグなどの部品との接合やシーリング，およびこれら

10　　　　　　　　　　　1. 序　　　論

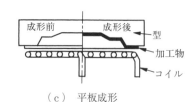

（a）縮管成形　　　　　　　　（b）拡管成形

（c）平板成形

図 1.5　電磁成形の基本成形様式

の複合加工が可能となる．工業的にも同軸ケーブルやリード線の端子の固定，各種容器のシール，モーターブラシの組立て，各種軸部品と軸とのかしめなど多種多様な実例がある．コイルを金属管の内側に挿入した場合には，拡管成形が行われる．図 1.6 に電磁成形による各種成形品例を示す．型の形状を変えることで，ここに示した加工品を複数まとめて同時に製作することも可能である．板材成形は平板状のスパイラルコイルに加工物と型を重ねてセットして行う．深絞り，張出し，コイニング，せん断などが可能であるが，汎用のプレス加工と競合している場合が多い．

図 1.6　電磁成形による各種成形品例

[2] 電磁プレス

電極プレスは，平板スパイラルコイルの下側に取り付けたアルミニウム製のラムを高速で下方に駆動させ，ラムに取り付けたパンチとダイホルダー上のダイとで加工を行う装置である．汎用プレス機に比べて総重量が軽減されることが特長である．

1.3.5 高圧ガスや衝撃水圧を利用する方式

高圧ガスをピストン面に急速負荷させ，ラムとそれに連結した工具を高速駆動させて塑性加工を行う装置として高速プレスや高速鍛造機が開発された．工具先端とその受けの部分を目的に応じて取り替えて，鍛造，押出し，板金，粉末成形などの作業を行うことができる．図1.7は国産の高速鍛造機の例である．ラムの速度は5～22m/s程度であり，ドロップハンマーの3.6～5.5m/sに比べて大きい．大きな特長は，緩衝装置を備えて，機械基礎への反作用を減少させたので，装置が小型になり，強固な基礎が不用になったことである．

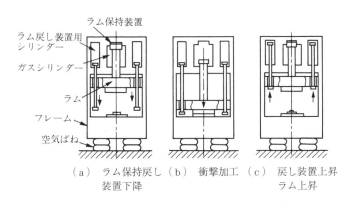

（a）ラム保持戻し　（b）衝撃加工　（c）戻し装置上昇
　　装置下降　　　　　　　　　　　　ラム上昇

図1.7　Hi-Fomacの作動（株式会社神戸製鋼所）

圧縮空気によりハンマーを加速し，これで密閉器内の水を打撃して衝撃圧力を発生させる装置が開発され，衝撃液圧成形装置として発表された．この圧力を用いて各種の成形加工を行ったり，ピストンを駆動させて押出し，鍛造，粉末圧縮が試みられた．

2 高速変形の基礎と材料試験法

2.1 高速変形・試験の考え方

2.1.1 概要と前提条件

本章の「高速変形」とは，一般に，「高速塑性変形」を意味する．それは，金属変形の弾性成分が，通常，塑性成分に比べ無視できる程度に小さいこと，さらに弾性成分の変形速度依存性も，塑性成分に比べて，無視できるほどに小さいことなどによる．しかし，金属の塑性は弾性に比べはるかに複雑であるので，金属塑性学が体系化されたのは比較的最近のことである．1950 年に R. Hill（ヒル）[1]† は多くの人々の研究結果を検討し，本質的な内容を選別して，これに自らの研究を加え『The Mathematical Theory of Plasticity』を著した．

1950 年代といえども，すでに，衝撃や高温の塑性加工に関する問題は，さまざまな現場や研究機関で検討されていた．また，4 年後の 1954 年には，この R. ヒルの教科書・邦訳本（『塑性学』[2]）が出版され，わが国の塑性加工の進展に，当該分野の研究や学習の徒を通じて，少なからず貢献してきた．

R. ヒルの教科書は連続体塑性論の範疇に入る．さまざまな塑性加工問題の解明に応用された実績は高く評価されたが，一次元的な位置変数で取り扱うことのできる場合に，その応用が限定された．すなわち，二次元（位置変数が二つ）以上の実用的な加工問題の解明には，有限要素法など計算力学の範疇にあ

---

† 肩付き数字は，章末の引用・参考文献番号を表す．

る数値計算技法を応用して，多次元・多軸応力状態の問題が取り扱われるようになった．

一方，看過できない塑性分野である，実時間の影響を無視できない高温や高速の変形現象の解析・解明も徐々に，また着実に進められてきた．

近年の計算機革命を包含して進められてきた IT の急速な進展，また，有限要素法など数値解析法の開発などにより，塑性加工の分野も計算機援用工学（computer aided engineering：CAE）の方向に向かって様変わりしている．すなわち，当初，幾何学的変数が一次元に限られていた数値解が，二〜三次元問題の数値解に，また，そのさまざまな解の可視化表現も近年，つぎつぎに開発されてきた汎用ソフトを利用して，実現されるようになった．

他方，金属材料の塑性加工分野では，R. ヒルの古典塑性学の向上を目指し，現象により忠実に，かつ，より厳密に，再現し得る『多結晶塑性論』（高橋寛著，コロナ社，1999 年刊)[3] が著され，注目された．これなど，わが国が世界に発信した新世紀の塑性論の一つといっても，過言ではなかろう．高橋寛の著書『多結晶塑性論』[3] の要点は，その教科書の「まえがき」に記されている．

『計算結果の信頼度，すなわち計算が現実の現象を忠実に表現できるかどうかを支配しているのは，ソフトそのものが高級であるかどうかではなく，計算に必要な多くのパラメーターの信頼度である．計算結果の正しい評価には，入力データの信頼度を知らなければならない．計算と実際現象を結ぶ架け橋となっているものは，つぎの 2 種類のデータ群である．

（1）　材料の構成式（応力-ひずみ関係）

（2）　材料の工具接触面における境界条件（摩擦・潤滑）

いずれも古くから存在する基本的問題であって，現在でも，よりシンプルで高精度のモデルに向けて進化している最中である．』

本章における前提条件は二つあり，それぞれ，つぎのように考えることにする．

前提条件（a）多結晶塑性論が提示されて間もない現在，いまだ高速変形の問題に適用した試みが見られないので，古典的な連続体塑性論，すなわち降伏

14   2. 高速変形の基礎と材料試験法

曲面の存在を前提に，塑性ポテンシャル理論に基づいて高速変形を考える．また，高速材料試験には圧縮試験が推奨されるため，工具・試験片境界面間の摩擦が重要な問題となる．それゆえ，第二の前提条件（ｂ）古典的なアモントン・クーロンの法則を適用して，工具・試験片境界面間の摩擦や潤滑に関する現象を取り扱うことにする．

2.1.2 基本特性を定める高速材料試験

高速変形は，準静的変形と基本的に異なる内容を材料試験の中に含有している．準静的試験における基本的性質：静的塑性曲線と弾性定数とを定めるためには，万能試験機があれば十分であった．しかし，高速変形の材料試験においては，これとはやや異なる．

本章で扱うひずみ速度は，連続的に変化する物理量ではあるが，試験装置にも容量があるので，いくつかの領域に分けて取り扱うのが便利である．その領域を低い方から大雑把に分類すると，つぎの三つの領域になると思われる．まず，（1）毎秒 $10^{-4} \sim 10^{-1}$ 程度の準静的ひずみ速度領域．ついで，（2）毎秒 $10^2 \sim 10^3$ 程度の高ひずみ速度領域．さらに衝撃波が発生したり，諸量に不連続的な変化が現れる（3）毎秒 $10^6 \sim 10^7$ 程度の超高ひずみ速度領域である．（1）は準静的材料試験であるので，すでに扱い慣れているとみなし，残る2種の試験法をここで詳しく述べておく．

（2）の高速材料試験は，いわゆる材料特性としての塑性曲線を高ひずみ速度下で得るものである．しかし，このひずみ速度をさらに大幅に増大させることは，試験片内の応力状態が一軸から三軸へと変化するので，高速材料試験は，下記〔1〕「形状変化を表現する構成式」の内容に限定されている，と考える必要がある．

したがって，（2）のひずみ速度域をさらに超える超高ひずみ速度下の応力‐ひずみ曲線を調査するには，上記（3）の平板衝撃試験など，衝撃波現象を伴う，下記〔2〕体積変化を表現する状態方程式の検討を行うことになり，事実上，別種の応力‐ひずみ関係の問題に移ってしまう．（2）の材料試験と（3）

の材料試験とは，まったく，その内容が異なる．つまり（2）では，形状変化を扱う構成式を検討するが，（3）では，体積変化を扱う状態方程式を検討することになる．

〔1〕 形状変化を扱う構成式の検討

上記（2）のいわゆる衝撃試験は，前述したように圧縮試験を用いることが多く，後述のように摩擦の影響を排除するため外挿法を衝撃試験にうまく適用する必要がある．なお，標記の形状変化を扱う構成式が実質的な高速構成式であるので，以後，「高速構成式」と呼ぶこともある．

衝撃試験の特殊性を明らかにするため，まず衝撃引張試験を例示し考察しておく．試験片の一端から引っ張り始めた瞬間，その場所を除く，各点，特に他端では諸量は0で，初期状態のままである．その理由は，試験片内の諸量の伝播速度が有限であることによる．針金の衝撃引張試験で，古くは1940年からの2年間に，テイラーやカルマンがおのおのの政府内部資料に示したように，臨界値（臨界衝撃速度）を超えると，引張端で破断する[4]．これに対して，変形とともに負荷方向の寸法が小さくなり，試験片形状がシンプルで製作が容易な円柱や円板の衝撃圧縮試験[5]が，以下の問題があるものの高速変形では推奨される．

その問題点とは，工具と試験片の境界面摩擦の影響が，もちろん，無視できないことにある．これをいかに評価して，より高精度の実験データに改善するかであるが，圧縮試験の古典的外挿法[6]を衝撃圧縮試験の新しい外挿法[9),14),15)]に拡張して適用すれば可能である．

なお，現在では衝撃変形解析ソフトを用いて，高速材料試験を数値解析することができると，ある面ではいえる．しかし，そのソフトの中に，これから決定する予定の衝撃材料特性値，すなわち，ひずみ速度依存性を考慮した材料特性を与えなければ，高速材料試験の計算ができないことを忘れてはならない．

このような状況にある衝撃材料試験であるから，将来，衝撃加工ソフトを利用する者が，高速材料試験に自身も関与しておくことが望ましい．あるいは衝撃特性を求めている実験室で，高速実験とデータ解析，特に，どのような種類

でいくつの仮定の下に材料特性が定められているかを知る必要がある．そうすれば，さまざまな問題にソフトを適用する際，ソフト適用の妥当性やシミュレーションに及ぼす材料特性の精度を勘案して，シミュレーション結果を，妥当に評価し考察できるようになろう．

　以上のように，高速材料特性を求める考え方と手段とを検討することは，衝撃あるいは応力波などの基礎を理解していることが肝要で，本章では，この種の問題も含めて言及する．要するに，静的材料試験では引張試験が推奨され，一方，高速材料試験では圧縮試験が推奨される．この衝撃圧縮試験においては，工具・試験片間の摩擦の問題を正しく評価しなければならないので，必ずしも容易とはいえないが，かなりの高精度で衝撃特性を求める試験が実施できる．

　高速材料試験では，試験片の外部から観測している物理量を用いて，試験片内部の応力，ひずみ，ひずみ速度を推定する必要がある．したがって，高速実験の実施以外にも，高速変形の数値解析などの併用により，得られる実験データ精度をチェックする必要が出てくる場合もある．つまり，高ひずみ速度材料試験が，三次元高速塑性加工問題を解くことそのものであり，同時に高速変形の材料特性をも求める必要があるということである [7]〜[9]．

〔2〕　体積変化を扱う状態方程式の検討

　上記（3）の超高速・衝撃圧縮試験は，通常，衝撃波の応答に関する研究のために，平板衝撃試験などが用いられる [10]．最も基礎になるデータは，圧力と体積ひずみ，および，体積ひずみ速度の関係（状態方程式）である．佐藤らは，この平板衝撃試験における衝撃応力計測を高分子の PVDF（ピエゾフィルム）応力ゲージの利用が最良であると判断した．さらに，これを電流モードではなく電荷モードのセンサーとして用いてきた．そのため現状では，センサーと衝撃インピーダンスがほとんど同じである材料のテストに限られる．

　したがって，まだアクリル（PMMA）[11] やポリカーボネート（PC）[12] などの高分子材料に，試験片が限定されている．しかし，衝撃インピーダンスが不連続的ではない計測を実行することにより，立上り時間が最小 7.8 ナノ秒の急峻な衝撃波面の観測や，状態方程式が支配する体積ひずみ速度 $10^7 \mathrm{s}^{-1}$ までの

ひずみ速度依存性が検討できるようになった.

2.1.3 高速変形データ取得の困難さ

前項では，物理法則の応力−ひずみ関係（構成式）が，（1）体積変化を表現する状態方程式と，（2）ひずみ増分から体積ひずみ増分を差し引いた偏差成分（形状変化成分）と偏差応力成分間との構成式との2種から成り立っている[13]，ということを具体的に述べた．一方，衝撃塑性という語彙で，準静的挙動と同様に試験速度を大きくすると，一様に（一軸応力状態で），高ひずみ速度の塑性状態が得られるわけではない．ひずみ速度が $10^4 \mathrm{s}^{-1}$ くらいまでに限って，高速塑性曲線のひずみ速度依存性が検討できる.

しかし，ひずみ速度が $10^4 \sim 10^5 \mathrm{s}^{-1}$ を超えて衝撃波の発生を伴うようなひずみ速度領域に入ると，構成式ではなく，状態方程式に着目することになる．なお，1970年代にひずみ速度がおおむね $10^4 \sim 10^5 \mathrm{s}^{-1}$ を超える高ひずみ速度領域で，衝撃特性メカニズムの議論が活発に展開された時期があった[10]．このような高いひずみ速度下の応力が一軸応力状態ではない可能性が上述のように存在する．これまでこの種の現象をひずみ速度に関与する問題であるとみなしてきた．しかし，ひずみ速度上昇に伴う，例えば，一軸応力状態から一軸ひずみ状態への変化に伴う力学的現象とみなすのが妥当であると考えられる．くどいようであるが，「状態方程式」と「構成式」とが混成している状態での，ひずみ速度の意味，また，そのような複雑な応力状態において，変形メカニズムを考えること自体が，困難に過ぎるのではないか，と思われる．さらに，試験片内部が，一軸応力状態であるか，または，三軸応力状態であるかを，実験的に推定すること自体も，一般に，困難なことである.

そこで，すでに述べたような，（a）「形状変化を扱う高速構成式」と，さらにより高いひずみ速度域の，（b）「体積変化を扱う状態方程式」とに分けて考察する．まず，（a）高速構成式である．この場合，準静的塑性曲線 $\sigma = f_s(\varepsilon^p)$ を包含する高ひずみ速度（または衝撃的）塑性曲線，すなわち動的塑性曲線 $\sigma = f_d(\varepsilon^p, \dot{\varepsilon}^p)$ を材料特性と考えることにする．ここに，ε^p は相当塑性ひ

ずみ，また $\dot{\varepsilon}^p$ は相当塑性ひずみ速度であり，試験片がおおむね一様な一軸応力状態下では，それぞれ負荷軸方向の塑性ひずみ，また塑性ひずみ速度である．

もちろん，応力に及ぼす影響の程度は，ひずみ速度より，むしろ温度：T の影響の方が大きい．しかし，試験片のひずみが0の初期状態から，高ひずみ速度でひずみ（変形）を与えると，その間の塑性仕事が試験片の内部エネルギーとして蓄えられ，結果として温度上昇を招来する．特に，変形抵抗の大きい材料の場合には温度上昇がきわめて大きくなるため，軟化すなわち抵抗のかなりの低下を生ずる．

さらに，与えたひずみに至るひずみそのものやひずみ速度の推移に依存して，試験材料の変形抵抗が変化していく．その理由は，ミクロな転位組織，マクロな結晶組織，および，その中間のセル組織など，大きさや分布を含めて，組織 structures の頭文字 s と，以後，略記するが，この s が変化することによる．定量化は困難であるが，この組織 s の影響も，無視できない．以上により，衝撃変形抵抗の一般式は，次式のように表現できよう．

$$\sigma = f_d \ (\varepsilon^p, \dot{\varepsilon}^p, T, s) \tag{2.1}$$

実験材料初期状態を，焼なまし状態かつ常温とすると，ひずみ ε^p やひずみ速度 $\dot{\varepsilon}^p$ を増加させると，温度 T も組織 s も独立変数ではあるが，これらも従属関数のように変化していく．ここでは第1段階として，この T と s とを独立変数として陽には取り扱わないようにしたい（というのは，T と s も，おのずから従属関数のように変化するので，独立に与えることは困難である）．すなわち

$$\sigma = F_d \ (\varepsilon^p, \dot{\varepsilon}^p) \tag{2.2}$$

の形式を用い，動的塑性曲線と呼ぶことにする．これを，衝撃塑性の場合の基本的機械的性質，あるいは，簡単に，基本特性ということにする．

以下の，2.3節では，高速構成式の基本特性とその試験法として，最も多用されている，ホプキンソン棒（SHPB）法の標準化について詳述する．また，

2.4節の一部に，最近，簡易試験法として，SHPB法の代理試験法として利用される落錘法についても触れる．

つぎに，（b）高速状態方程式である．この場合，平板衝撃試験を実施して，圧縮応力（等方圧）と板圧ひずみ，および，そのひずみ速度とを求める[11),12)]．大雑把なサンプリング時間で比較すると，前者（（a）SHPB法）は1μsであり，一方，後者（（b）平板試験法）は1nsである．また，データ取得の実績でも後者は高分子だけであり，まだ数が少ないのでこの平板状態試験法については，2.4節の一部で触れることにする．

2.2 高速変形の金属学

2.2.1 金属の変形挙動に影響を及ぼす諸因子

金属の変形特性のうち重要なものは変形抵抗と変形能である．変形抵抗 σ_{eq} は，温度 T，塑性ひずみ（以下ひずみという）ε，塑性ひずみ速度（以下ひずみ速度という）$\dot{\varepsilon}$，変形休止時間 Δt，組織 S などによって変わり，変形能 D は，変形抵抗に影響を及ぼす因子のほか静水圧応力成分 σ_m の影響も受ける．そのことを示したのが式（2.3）と式（2.4）である．

$$\sigma_{eq} = f\ (T, \varepsilon, \dot{\varepsilon}, \Delta t, S, \cdots\cdots) \tag{2.3}$$

$$D = g\ (T, \varepsilon, \dot{\varepsilon}, \sigma_m, \Delta t, S, \cdots\cdots) \tag{2.4}$$

ただし，これらの式中の変数（影響因子）は独立変数ではなく，ほとんどの場合互いに従属関係にある．例えば，組織 S は温度 T やひずみ ε などの関数になっている．ひずみ速度とは，ここでは材料が単位時間に受けるひずみを指し，その単位は〔1/時間〕である．以下では，変形抵抗と変形能が変形速度（ひずみ速度で表す）によってどのように変わるかを述べる．

2.2.2 変形抵抗に及ぼすひずみ速度の影響

〔1〕 物理的背景

Johnston と Gilman は，LiF というイオン結晶のせん断変形応力 τ と転位速度 v の間に

$$v = \left(\frac{\tau}{\tau_0}\right)^{m'} \tag{2.5}$$

の関係があることを実験で見い出した．同様の関係はシリコン鉄などでも見い出されている．式中の τ_0 は定数で，m' は v の広い範囲にわたり一定であるが，v が大きくなると小さくなる指数である．一方，転位速度 v とせん断塑性ひずみ速度 $\dot{\gamma}$ の間には

$$\dot{\gamma} = \rho b v \tag{2.6}$$

が成り立つ．ここで，ρ は転位密度，b はバーガース ベクトルである．式 (2.5) と式 (2.6) を組み合わせて $\tau = \sigma_{eq}/2$ および $\dot{\gamma} = 2\dot{\varepsilon}$ と置くと

$$\log \sigma_{eq} = \left(\log \frac{2\tau_0}{(\rho b)^{1/m'}} + \frac{\log 2}{m'}\right) + \frac{\log \dot{\varepsilon}}{m'} \tag{2.7}$$

が得られる．これは σ_{eq} と $\dot{\varepsilon}$ を両対数目盛の図上で表すと直線になる．後に見るように，変形抵抗のひずみ速度による変化は式 (2.7) で表されることが多い．上に見たように，変形抵抗のひずみ速度依存性の起源（物理的背景）は塑性変形に必要な応力が転位速度に依存するということに基づいている．

〔2〕 変形抵抗-ひずみ速度関係式

変形抵抗-ひずみ速度関係式は経験的にいろいろなものが提案されており，その代表的なものには

$$\sigma_{eq} = K_1 \varepsilon^n \dot{\varepsilon}^m \exp\left(\frac{K_2}{T}\right) \tag{2.8}$$

$$\sigma_{eq} = C\dot{\varepsilon}^m \qquad (\text{温度 } T \text{ とひずみ } \varepsilon \text{ が一定}) \tag{2.8}'$$

$$\sigma_{eq} = C_1 + C_2 \log \dot{\varepsilon} \qquad (\text{温度 } T \text{ とひずみ } \varepsilon \text{ が一定}) \tag{2.9}$$

があるほか，金属の高温変形抵抗に対して

$$\dot{\varepsilon} = A \ (\sinh \alpha\sigma)^{n'} \exp\left(-\frac{Q}{RT}\right) \tag{2.10}$$

がある．式 (2.8) ～ (2.9) 中の K_1, K_2, n, m, C, C_1, C_2 は変形条件によって決まる定数であり，式 (2.10) 中の A, α, n' は温度によらない定数，R はガス定数，Q は変形の活性化エネルギーである．式 (2.8)′ は式 (2.8) と同形式であるとともに，式 (2.7) とも同形式である．ただし，式 (2.8) と式 (2.8)′ 中の m と式 (2.7) 中の m' は，いずれも変形抵抗のひずみ速度依存性を表す尺度であるが，両者の間には $m = 1/m'$ の関係がある．式 (2.10) は，低応力側（高温側）で

$$\dot{\varepsilon} = A^{\mathrm{I}} \sigma^{n'} \exp\left(-\frac{Q}{RT}\right) \tag{2.10}'$$

高応力側（低温側）で

$$\dot{\varepsilon} = A^{\mathrm{II}} \exp(\alpha n' \sigma) \ \exp\left(-\frac{Q}{RT}\right) \tag{2.10}''$$

のようになる．ここで，A^{I} と A^{II} はともに定数である．式 (2.10) を

$$\dot{\varepsilon} \exp\left(\frac{Q}{RT}\right) = A \ (\sinh \alpha\sigma)^{n'}$$

と書き換えたときの左辺

$$\dot{\varepsilon} \exp\left(\frac{Q}{RT}\right) \equiv Z \tag{2.11}$$

を Zener–Hollomon パラメーターという．ある与えられた Z はひずみ速度 $\dot{\varepsilon}$ と温度 T の無限どおりの組合せを許すが，その場合大きい $\dot{\varepsilon}$ に対して低い T が，逆に小さい $\dot{\varepsilon}$ に対して高い T が対応する．式 (2.11) は，変形抵抗に対するひずみ速度と温度の二つの影響を一つのパラメーターで表現するための定式化でもある．

〔3〕 変形抵抗のひずみ速度による変化の実例

図 2.1 は焼きなまされた 0.14%C 鋼の −78℃ における初期降伏応力と 15%

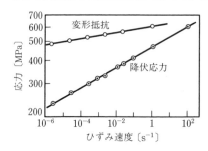
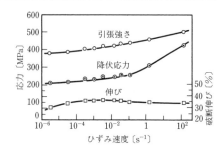

図 2.1 軟鋼（0.14%C）の −78℃における引張りの降伏応力と変形抵抗（公称ひずみ 15% における）のひずみ速度による変化[16]

図 2.2 軟鋼（0.14%C）の室温引張性質のひずみ速度による変化[16]

ひずみ時の変形抵抗を示したもので，この温度では $10^{-6} \sim 10^2 \, \mathrm{s^{-1}}$ というきわめて広いひずみ速度域で式 (2.8)′ が成り立っている（したがって，式 (2.7) が成り立っているともいえる）．それに対して，室温の場合には，**図 2.2** のように，初期降伏応力や引張強さ（変形抵抗ではないが，この場合引張強さのひずみ速度による変化傾向はほぼ変形抵抗の変化傾向とみなして差し支えない）は，$10^{-6} \sim 10^2 \, \mathrm{s^{-1}}$ の全ひずみ速度域にわたって，式 (2.8)′ や式 (2.9) のいずれによっても 1 本の直線では表せない．

図 2.3 は 200℃ における同じ鋼の変形抵抗のひずみ速度による変化で，変形抵抗の逆ひずみ速度依存性（$\partial \sigma_{eq} / \partial \dot{\varepsilon} < 0$）が見られるが，これは青熱脆性（動

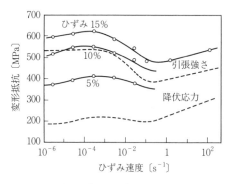
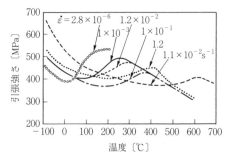

図 2.3 軟鋼（0.14%C）の 200℃ における変形抵抗のひずみ速度による変化[16]

図 2.4 各種のひずみ速度（$\dot{\varepsilon}$）で得られた軟鋼（0.14%C）の引張強さ-温度曲線[17]

ひずみ時効）の生起によるものである.

図2.4は，各種のひずみ速度で試験したときの上述の鋼の引張強さ－温度曲線である．引張強さの逆温度依存性が現れ始める（青熱脆性が生じ始める）ときの温度を T_{c1}，引張強さが極大になるとき（ほぼ最も著しく脆化するとき）の温度を T_{c2} とすると，脆性温度は $\dot{\varepsilon}=2.8\times10^{-6}\,\mathrm{s}^{-1}$ のときの $T_{c1}\fallingdotseq20℃$，$T_{c2}\fallingdotseq170℃$ から $\dot{\varepsilon}=1.1\times10^{2}\,\mathrm{s}^{-1}$ のときの $T_{c1}\fallingdotseq450℃$，$T_{c2}\fallingdotseq600℃$ に移っている．

図2.4を見れば，200℃における変形抵抗が $\dot{\varepsilon}<3\times10^{-1}\,\mathrm{s}^{-1}$ のひずみ速度域に入ると負のひずみ速度依存性を示す（図2.3参照）理由が青熱脆性生起によるものであることがわかる．200℃における変形抵抗は，さらにひずみ速度が低くなって $\dot{\varepsilon}=5\times10^{-4}\,\mathrm{s}^{-1}$ になると極大を示し，逆にゆっくり減少し再び正のひずみ速度依存性を持つに至る．変形抵抗が負のひずみ速度依存性を持つ領域は，変形中転位が溶質原子（窒素や炭素）による固着とそれからの離脱を繰り返すところである．それに対して $\dot{\varepsilon}<5\times10^{-4}\,\mathrm{s}^{-1}$ では，転位はつねに固着雰囲気を引きずって動き，$\dot{\varepsilon}>3\times10^{-1}\,\mathrm{s}^{-1}$ では，転位が固着から外れると再固着されることのないところである．

図2.5に，鋼の青熱脆性が出現するひずみ速度と温度の組合せ（a），変形抵抗のひずみ速度（b）と温度（c）による相互関係を模式的にまとめてある．

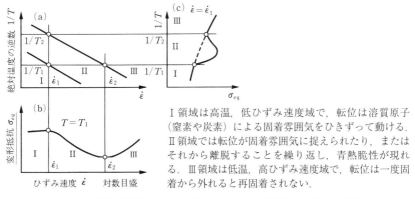

図2.5 青熱脆性生起領域と非生起領域（a），変形抵抗のひずみ速度依存性（b）と温度依存性（c）の相互関係を表す説明図[18]

〔4〕 材種や温度による変形抵抗のひずみ速度依存性の違い

青熱脆性などのように特別な現象が起こらなければ，一般に変形抵抗はひずみ速度の上昇によって増大する．しかし，その増大の程度は材料や温度によってかなり違うので，ここではそのことに触れておく．

図 2.6 は銅，70-30 黄銅および軟鋼（いずれも焼きなました状態の板材）の室温における引張変形抵抗曲線を両対数目盛で示したもので，実線は準静的変形（$\dot{\varepsilon}=2.5\times 10^{-3}\,\mathrm{s}^{-1}$）で，破線は高速変形（$\dot{\varepsilon}=60\,\mathrm{s}^{-1}$）で得られたものである．変形抵抗とひずみ速度が式（2.6）で表されるとして，上述の 3 金属の種々のひずみ ε における変形抵抗のひずみ速度感受性指数 $m\,[\,=(\Delta\sigma_{eq}/\sigma_{eq})/(\Delta\dot{\varepsilon}/\dot{\varepsilon})\,]$ を求めると**表 2.1** のようになる．70-30 黄銅の室温変形抵抗は高速変形を受けても軟鋼に比べてきわめてわずかしか増さない．

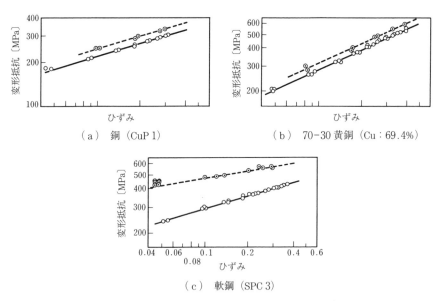

図 2.6　3 種の金属の室温引張変形抵抗曲線の両対数表示[19)]
　　　　（ひずみ速度は実線の場合 $2.5\times 10^{-3}\,\mathrm{s}^{-1}$，破線の場合 $60\,\mathrm{s}^{-1}$）

表2.1 指数 m の値

金属＼ε	0.05	0.10	0.15	0.20	0.25	0.30	0.50	1.00
銅	0.012 6	0.012 3	0.012 1	0.011 9	0.011 8	0.011 7	0.011 4	0.011 1
70-30 黄銅	0.007 13	0.007 20	0.007 25	0.007 28	0.007 30	0.007 30	0.007 36	0.007 43
軟鋼	0.055 5	0.047 8	0.043 3	0.040 2	0.037 7	0.003 57	0.030 0	0.022 3

変形抵抗のひずみ速度依存性は温度によってもかなり違う．図2.7に模式的に示すように，金属の変形抵抗は冷間加工温度域におけるより熱間加工温度域における方がひずみ速度の影響を強く受ける．すなわち，準静的変形から高速変形（$\dot{\varepsilon} = 10^2 \sim 10^3\,\mathrm{s}^{-1}$）へとひずみ速度が増すと，変形抵抗は冷間加工温度域では最大10～20％増すにすぎないが，熱間加工温度域では数百％も増すのが普通である．したがって，ひずみ速度効果は無視できず，通常の材料試験（$\dot{\varepsilon} = 10^{-3} \sim 10^{-2}\,\mathrm{s}^{-1}$）で知った変形抵抗を基礎にして高速熱間加工を計画したり，高速熱間加工機械の設計をすることはできない．

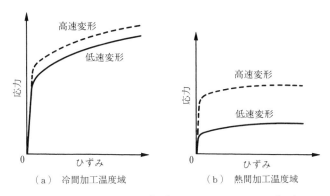

図2.7 高速変形（$\dot{\varepsilon} \sim 10^2\,\mathrm{s}^{-1}$）と低速変形（$\dot{\varepsilon} \sim 10^{-3}\,\mathrm{s}^{-1}$）で得られる変形抵抗曲線（概念図）

2.2.3 変形能に及ぼすひずみ速度の影響

ここでいう変形能は延性と同義とし，その大きさは欠陥（塑性不安定を含む）または破壊が生じるまでに材料が受ける変形量（またはひずみ量）の大小

で評価されるものとする.

〔1〕 塑性変形の伝播速度が関与する場合

一端を固定した断面一様な棒の他端を棒軸方向に引っ張る場合を考える.塑性変形が棒軸方向に伝わる速さ c_p は

$$c_p = \sqrt{\frac{\partial \sigma_0}{\partial e}/\rho} \qquad (2.12)$$

で与えられる. σ_0 と e はそれぞれ公称応力と公称ひずみ, ρ は密度である.この式によれば, c_p は σ_0-e 曲線の勾配の関数（したがって,ひずみ e の関数）である.棒を引っ張る速さがある臨界値 v_{crit}, すなわち

$$v_{crit} = \frac{1}{\sqrt{\rho}} \int_0^{e_m} \sqrt{\frac{\partial \sigma_0}{\partial e}} \, de \qquad (2.13)$$

に達すると棒軸に沿って塑性変形が伝わらなくなって破断伸びは著しく小さくなる.上式中の e_m は均一引張ひずみ（一様伸びひずみ）で, v_{crit} は臨界衝撃引張速度と呼ばれている.鋼の引張破断伸びが引張速度によってどのように変わるかという事例を図 2.8 に示す.高速で引っ張って小さい破断伸びしか示

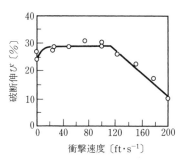

図 2.8 焼きなました SAE 1020 鋼の破断伸びに及ぼす衝撃速度の影響[20]

さなかったものでも,破断部のひずみ（あるいは絞り）は低速で変形させて十分大きい破断伸びを示した棒で観察されるひずみ（あるいは絞り）と違わない.図 2.8 では, v_{crit} が 120 ft·s^{-1}（約 36 m·s^{-1}）以上という大きい速度であるが,式（2.13）の積分値が小さくなるように応力-ひずみ曲線を調整した材料の v_{crit} は,数 cm·s^{-1} にさえなる.

〔2〕 中間温度脆性を示す金属の場合

ほとんどすべての延性金属は,準静的な変形を受けるとき,ある中間温度域で変形能低下を示す.この種の変形能低下を中間温度脆性と呼ぶ.この脆性には粒界での割れやボイドの形成を伴うものと伴わないものがあるが,いずれの

場合も,中間温度脆性の現れ方はひずみ速度によって大幅に変わるのが普通である.すなわち,(1)粒界割れなどを生じないでひずみ速度依存性を示すタイプの中間温度脆性と,(2)粒界割れなどを生じるとともにひずみ速度依存性を示すタイプの中間温度脆性がある.(1)のタイプの脆性はアルミニウムや鋼(青熱脆性発生温度域の)などで見られ,(2)のタイプの脆性は銅とその合金,ニッケルとその合金,鋼〔$(α+γ)$2相領域の〕,マグネシウム,Al-Mg合金,球状黒鉛鋳鉄などで見られる.

図2.9は,アルミニウムの引張変形能が変形速度を高めるとどのように変わるかを示したものであり,**図2.10**は鋼の青熱脆性による中間温度脆性の現れ方がひずみ速度上昇によって変わる有様を示したもので,これらはいずれも

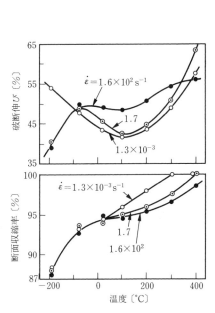

図2.9 アルミニウム(2S-Al)の引張変形能-温度関係に及ぼす速度($\dot{\varepsilon}$)の影響[21]

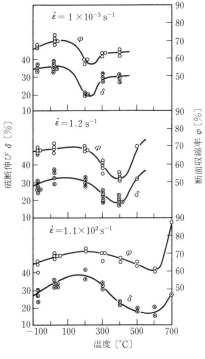

図2.10 軟鋼(0.14%C)の青熱脆性による引張変形能低下挙動に及ぼすひずみ速度の影響[17]

（1）のタイプの脆性に属している．アルミニウムの100℃を中心とする中間温度域における変形能低下は破断伸びにだけ見られるが，鋼の青熱脆性温度域における変形能低下は破断伸びと断面収縮率（または絞りあるいは破断ひずみ）のいずれでも認められる．鋼の青熱脆性による中間温度脆性は，ひずみ速度が上昇すると消滅することなくその出現温度が高温側へ移り，その様子は変形抵抗の極大出現温度が高温側へ移る状況（図2.4参照）と同じである．青熱脆性が溶質原子（窒素や炭素）と転位の相互作用に由来することを考えると，この中間温度脆性は溶質原子の拡散が関与して生じるので拡散律速の脆性であるといえる．

アルミニウムの破断伸びに現れた100℃付近の中間温度脆性は，ひずみ速度が上昇すると，変形能（いまの場合，破断伸び）の極小出現温度が不変のまま極小温度域での破断伸びが増すことによって鈍くなる．すなわち，高速変形になると中間温度脆性は消滅に向かう．ここに見たアルミニウムの中間温度脆性は，その出現温度がひずみ速度によって変わらないので，拡散律速の現象ではなく変形様式律速の現象であると考えられる．ただし，100℃付近で破断伸びを極小にする変形機構がどのようなものであるかまだ明らかにされていない．

つぎに，粒界割れなどを伴う（2）のタイプの中間温度脆性がひずみ速度によって変化する例を紹介する．**図2.11**と**図2.12**は，それぞれ銅とニッケルの中間温度脆性のひずみ速度による変化を引張試験で調べた結果である．いずれの金属の中間温度域における変形能も，変形速度が増すにつれて変形能極小温度を変えることなく次第に増加し，銅では$1.7\,\mathrm{s}^{-1}$のひずみ速度を，またニッケルでは$5\,\mathrm{mm\cdot s}^{-1}$（ひずみ速度にして$2.5\times10^{-1}\,\mathrm{s}^{-1}$）を越すと変形能-温度曲線に存在していた谷は消え，中間温度脆性が消滅する．ここに見た中間温度脆性は，ひずみ速度によってその出現温度が変わらないので，変形様式律速であるといえる．

銅とその合金やニッケルとその合金などの中間温度脆性は，著しい粒界割れ（粒界延性破壊によってできる）を伴うことで特徴付けられている．ひずみ速度の上昇につれて中間温度脆性が消滅に向かう過程は，組織の面からいえば粒

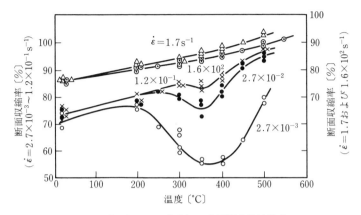

図 2.11 銅（99.92% 純度）の中間温度脆性挙動の
ひずみ速度（$\dot{\varepsilon}$）による変化[22]

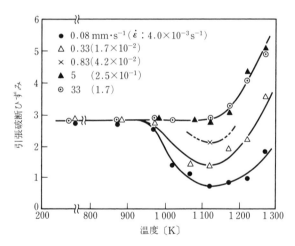

図 2.12 ニッケル（99.5% 純度）の中間温度脆性挙動
のひずみ速度による変化[23]

界割れが減少してやがて現れなくなる過程であり（**図 2.13** 参照），引張破壊形式の面からいえば脆性型からカップコーン型を経てダブルカップ型へ漸次変化する過程である．また，現象論的にはつぎのようにいうことができる．中間温度脆性出現温度域内のある温度で粒界強度と粒内強度（すべり面強度）を比べると，低ひずみ速度変形時には粒界強度の方が小さいために粒界破壊が起

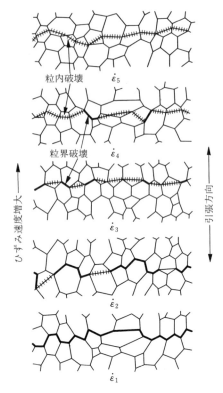

図 2.13 中間温度脆性発生温度における破壊経路のひずみ速度（$\dot{\varepsilon}_1 < \dot{\varepsilon}_2 < \cdots < \dot{\varepsilon}_5$）による変化（概念図）[24]

こって低変形能になるが，ひずみ速度が増すにつれて両強度の差が縮まってある臨界ひずみ速度 $\dot{\varepsilon}_c$ で両強度が等しくなり，それ以上のひずみ速度では粒界強度が大きくなるために粒界割れが生じなくなって大きい変形能を示すようになる．

図 2.14 はこの現象論的説明を図示したもので，粒界強度と粒内強度が等しくなるひずみ速度 $\dot{\varepsilon}_c$ を，等結合温度（equicohesive temperature：ECT）の概念にならって，等結合ひずみ速度（equicohesive rate of strain：ECR）と名付けることができる．そうすると，図 2.11 と図 2.12 から，銅とニッケルの等結合ひずみ速度は，それぞれ $1.7 \times 10^{-1} \mathrm{s}^{-1}$ および $2.5 \times 10^{-1} \mathrm{s}^{-1}$ ということに

2.2 高速変形の金属学

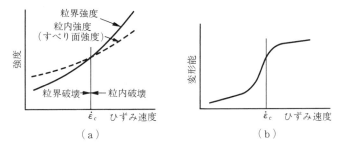

図 2.14 中間温度脆性出現温度域における粒内強度と粒界強度のひずみ速度による変化 (a) と同温度域における変形能のひずみ速度による変化 (b) の説明図[25] (粒界と粒内の強度が逆転するひずみ速度 $\dot{\varepsilon}_c$ を，等結合温度にならって，等結合ひずみ速度と名付けることができる)

なる．

もう一つの (2) のタイプの中間温度脆性，すなわち，粒界割れを伴う拡散律速の中間温度脆性の例として，Al-5%Mg 合金の場合を**図 2.15** に示す．変形能-温度曲線に深い谷が現れ，銅やニッケルの場合とは違って，その谷はひずみ速度が増しても浅くなることはなく，高温側へ移るだけで，変形能極小温

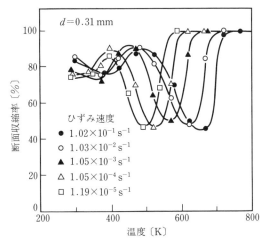

図 2.15 Al-5%Mg 合金の引張試験で調べた中間温度脆性[26] (d は結晶粒径)

度はひずみ速度が $1.19\times 10^{-5}\,\mathrm{s}^{-1}$ から $1.02\times 10^{-1}\,\mathrm{s}^{-1}$ まで高まると，500 K から約 700 K まで 200 K 近くも高温側へずれている．

いままでに見てきた種々の金属の中間温度脆性挙動のひずみ速度による変化を分類すると，図 2.16 のようになる．中間温度脆性発生機構は一般に金属の種類によって違うが，金属が異なっても同一機構で起こるらしいものもある．それぞれの脆性の発生機構が種々提案されて論じられてきているが，そのうち，銅やニッケルに典型的に見られる粒界割れなどを伴う中間温度脆性については，粒界割れや粒界ボイドの

（1）粒界すべりによる形成
（2）空孔の粒界への拡散・凝集による形成
（3）粒内すべり転位の粒界上への集積による形成

というモデルが考えられている．中間温度脆性の現れ方がひずみ速度によって特徴的に変化するという実験事実は，脆性発生機構の解明に有力な手掛かりを

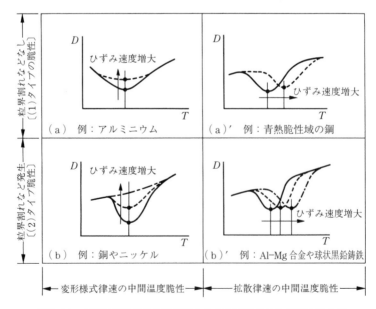

図 2.16 中間温度脆性発生温度域における変形能(D)-温度(T)曲線のひずみ速度による変化の諸相[25]

与えると思われる．

〔3〕 引張変形能のひずみ速度依存性と結晶方位

図 2.17 は，ステレオ三角形内に示した種々の方位を引張軸とするアルミニウム単結晶試験片（$A_1 \sim A_8$）を室温において低速（$\dot{\varepsilon}=1.2\times 10^{-3}\,\mathrm{s}^{-1}$）と高速（$\dot{\varepsilon}=90\,\mathrm{s}^{-1}$）でそれぞれ引っ張ったときの破断伸びと低速変形時の伸び ε_l に対する高速変形時の伸び ε_h の増加割合（$\varepsilon_h - \varepsilon_l$）/$\varepsilon_l = \Delta\varepsilon/\varepsilon_l$ を示したものである．これからわかることは

（1） いずれの方位の単結晶も，多結晶の場合と同じように，$\varepsilon_h > \varepsilon_l$ であること

（2） [110] 方位に近い方位を持つ単結晶の破断伸びが大きいこと

（3） $\varepsilon_h - \varepsilon_l = \Delta\varepsilon$ あるいは $\Delta\varepsilon/\varepsilon_l$ は破断伸び自体の方位依存性とは逆に [110] に近い方位のものが小さいこと

である．$\Delta\varepsilon = \varepsilon_h - \varepsilon_l$ が [110] 方位の結晶で小さく，その方位から離れた結晶で大きいのは，破断部以外の所のひずみがひずみ速度の上昇により前者の結晶では，ほとんど増加しないのに対して後者の結晶ではかなり増すためである．

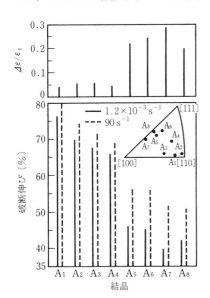

図 2.17 高低両ひずみ速度でそれぞれ試験した 2S-Al 単結晶の室温引張破断伸びとその増加率[27]（$\Delta\varepsilon = \varepsilon_h - \varepsilon_l$ で，ε_h と ε_l はそれぞれ高速および低速試験時の破断伸び）

2.2.4 変形抵抗および変形能に及ぼすひずみ速度履歴の影響

同一金属から2本の試験片を用意し，ε のひずみまで一方の試験片には $\dot{\varepsilon}_1$ のひずみ速度で，またほかの試験片には $\dot{\varepsilon}_2$（$\neq \dot{\varepsilon}_1$）のひずみ速度で変形を与えたとする．まったく同じひずみ ε を与えたそれら2本の試験片をさらに任意の同一ひずみ速度で変形させると，変形抵抗や変形能に違いが生じることがある．このことは，異なるひずみ速度で変形を受けたために内部組織に差が生じたことを意味している．このような場合，変形抵抗や変形能はひずみ速度履歴の影響を受けるという．しかし，実際の塑性加工において，ひずみ速度履歴の影響が問題となることはあまりない．

2.3 機 械 的 特 性

塑性加工のシミュレートは，加工素材を連続体とみなす塑性力学に基づき実施され，多くの成果をもたらしている．ここでは，まず準静的変形の力学的な取扱いを高速変形の場合に拡張するという立場で構成式とその基本特性を考える．また最終目標は，最も多用されていて，かつ，高精度の SHPB 圧縮法の標準化試験法を確立することである．

2.3.1 高速塑性変形のモデリング

力学モデルに関して，高速塑性変形の課題はつぎのように表現できる．「任意の時刻に，連続体内の任意の場所で，応力状態（応力テンソル）および変形状態（ひずみ速度テンソルおよび粒子速度ベクトル）を，つぎの3種の基礎式

（a） 力の釣合い（運動方程式）

（b） 粒子速度の連続性（ひずみ速度の定義式）

（c） 物体固有の構成式（応力-ひずみ関係）

を満足し，かつ，与えられた境界における条件を満たすよう定めること」である．この基礎式は，準静的変形の場合と形成的には同じであるが，内容は以下のように相違する．

（a）の力の釣合いに慣性力を考慮する必要がある．慣性力が無視できない場合には，外力の作用により物体内に生ずる応力や変形は波動として伝えられる．この波には加速度波と衝撃波と呼ばれる2種がある．数学的に定義される衝撃波は，その波面を横切って応力，ひずみ，粒子速度が不連続となっており，超高速飛翔体による衝撃衝突圧縮を伴う，急峻な立上り波面である．この種の不連続波面の場合，基礎式は微分方程式で表現できない．一方，加速度波は，それら諸量は連続であるが，それらの偏導関数が不連続となっている場合である．この基礎式は微分方程式で表現でき，特に断らない限り，このような場合を扱う．

（b）のひずみ速度の定義に必要な時間は実時間であり，準静的変形における変形の進行を表すパラメーターとしての「時間」ではない．

（c）の構成式には，一般に，ひずみ速度の影響を考慮する必要がある．

以上のように，（a），（b）の数学的表現は容易であるが，（c）の定式化は，完全な実験データの取得が容易でないため，この定式化が容易ではない．

次項で，準静的な構成式（具体例としてプラントルーロイス則など）を準静的過程を包含し，衝撃波の生じない程度の高速変形の範囲に拡張する例を示す．

2.3.2 基本特性と構成式

〔1〕 基 本 特 性

（c）を最も単純な状態，すなわち準静的一軸応力下で表現すれば，塑性変形が進行する場合，弾・塑性ひずみ速度 $\dot{\varepsilon}^e$, $\dot{\varepsilon}^p$ の和は

$$\dot{\varepsilon} = \dot{\varepsilon}^e + \dot{\varepsilon}^p = \frac{\dot{\sigma}}{E} + \frac{\dot{\sigma}}{f_s'} \tag{2.14}$$

である．ここに，f_s' は塑性曲線の勾配である．これを増分形で表現すればわかるように，式（2.14）は「時間」に無関係であり，加工硬化材料の場合，応力増分がない限り変形が進行しないことになる．また，塑性変形が単調に増大するような場合には，その積分形が塑性曲線

$$\sigma = f_s(\varepsilon^p) \tag{2.15}$$

で表される．式 (2.15) が準静的変形の場合の基本特性である．このように，構成式（三軸応力下の応力-ひずみ関係）は，当然のことながら，基本特性としての塑性曲線を特別の場合として含んでいなければならない．

したがって，高速変形，すなわち，高ひずみ速度変形の構成式を準静的変形モデルに基づき拡張しようとする場合，塑性曲線がひずみ速度依存性を有するかどうかが重要な点である．

もし，ある種のアルミニウム合金に見られるように[28]（図 2.18, 図 2.19 参照），塑性曲線がひずみ速度の影響をほとんど受けない範囲では準静的構成式をそのまま高速変形に用いてよい．しかし，一般には，塑性曲線がひずみ速度の影響を受けると考えるのが妥当である[29)~31]（図 2.20, 図 2.21 参照）．さらに，変形応力はひずみ速度のみならず，変形により生ずる温度変化やひずみ速度の履歴の影響をも複雑に受ける[29)~34]（図 2.22 ～図 2.24 参照）．このように

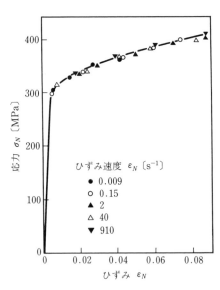

図 2.18　アルミニウム合金（6061-T6）の応力-ひずみ曲線に及ぼすひずみ速度の影響[28]

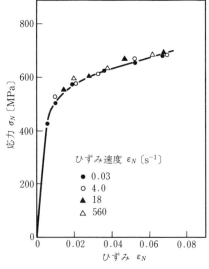

図 2.19　アルミニウム合金（7075-T6）の応力-ひずみ曲線に及ぼすひずみ速度の影響[28]

2.3 機械的特性

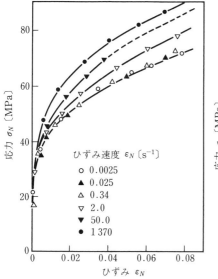

図 2.20 純アルミニウム (1060-O) の応力-ひずみ曲線に及ぼすひずみ速度の影響[28]

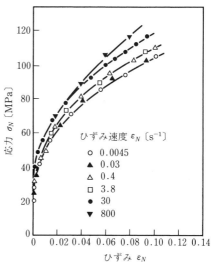

図 2.21 純アルミニウム (1100-O) の応力-ひずみ曲線に及ぼすひずみ速度の影響[28]

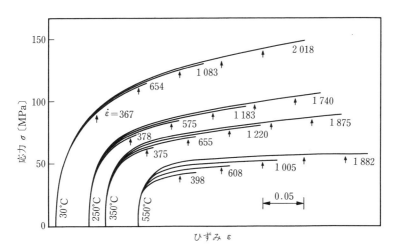

図 2.22 純アルミニウム合金 (1100-O) の応力-ひずみ曲線に及ぼすひずみ速度と温度の影響[35]

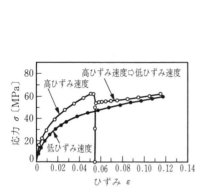
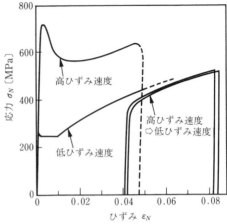

図 2.23 純アルミニウム（99.99%）の応力-ひずみ曲線に及ぼすひずみ速度履歴の影響 [36]

図 2.24 軟鋼（0.24%C）の応力-ひずみ曲線に及ぼすひずみ速度履歴の影響 [37]

変形応力への影響因子は数多くあるが，ここでは，その基礎としてひずみ速度の影響のみを考慮した基本特性を用いて高速変形下での基礎式を考えてみる．すなわち，基本特性として

$$\sigma = f_d(\varepsilon^p, \dot{\varepsilon}^p) \tag{2.16}$$

なる動的塑性曲線を仮定する．

〔2〕 **動的塑性曲線と構成式との関係**

次節に述べるような高ひずみ速度の材料試験により得られる動的塑性曲線を特徴的に示したのが**図 2.25**，**図 2.26** である．図 2.25 は $\dot{\varepsilon}^p =$ 一定の条件下で，$\partial f_d / \partial \varepsilon^p > 0$ のほかに $\partial f_d / \partial \dot{\varepsilon}^p > 0$ が成立する場合を示す．また，十分小さい $\dot{\varepsilon}^p$ の場合の f_d は f_s に近付く．図 2.26 は図 2.25 と同じ材料を $\dot{\varepsilon}^p$ が一定ではなく，図 2.26（b）のように推移させるとき，加工硬化材で応力が一定であっても塑性変形が進行する．これは高ひずみ速度下で材料が粘性的に振る舞うことを意味する．

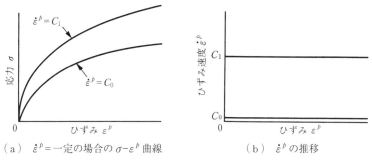

図 2.25　ひずみ速度が一定の場合の動的塑性曲線

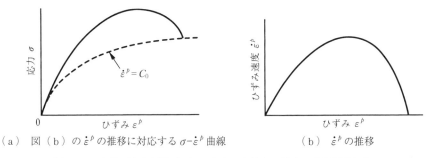

図 2.26　ひずみ速度が図（b）のように変化する場合の動的塑性曲線

ここで，参考のため準静的塑性変形を記述する標準的な構成式，すなわち，プラントル-ロイスの式（以後，P-R式という）を主方向成分で示すと

$$\frac{\dot{\varepsilon}_1{}^p}{\sigma_1{}'} = \frac{\dot{\varepsilon}_2{}^p}{\sigma_2{}'} = \frac{\dot{\varepsilon}_3{}^p}{\sigma_3{}'} = \dot{\lambda}^p \left(= \frac{\sqrt{\left(\frac{3}{2}\right)} \cdot \dot{\varepsilon}_g{}^p}{\sqrt{\left(\frac{2}{3}\right)} \cdot \sigma_g} = \frac{3}{2} \frac{1}{f_p{}'} \frac{\dot{\sigma}_g}{\sigma_g} \right) \quad (2.17)$$

となる．ここに，$\dot{\lambda}_s$ は比例係数であり，また，σ_g, $\dot{\varepsilon}_g{}^p$ は次式のような一般化応力，塑性ひずみ速度である．

$$\sigma_g = \sqrt{\left(\frac{3}{2}\right)} \sqrt{(\sigma_1{}')^2 + (\sigma_2{}')^2 + (\sigma_3{}')^2} \quad (2.18)$$

$$\dot{\varepsilon}_g{}^p = \sqrt{\left(\frac{2}{3}\right)}\ \sqrt{(\dot{\varepsilon}_1{}^p)^2 + (\dot{\varepsilon}_2{}^p)^2 + (\dot{\varepsilon}_3{}^p)^2} \tag{2.19}$$

前述のように式 (2.17) は時間に無関係，すなわち，応力一定では塑性変形は進行しないので，このままの形では粘性的特性は表現し得ない．一方，ニュートン流体の構成式は，粘性係数 μ を用いて

$$\frac{\dot{\varepsilon}_1{}'}{\sigma_1{}'} = \frac{\dot{\varepsilon}_2{}'}{\sigma_2{}'} = \frac{\dot{\varepsilon}_3{}'}{\sigma_3{}'} = \frac{1}{2\mu} \tag{2.20}$$

で表される．これを考慮に入れると，P-R 式の最も単純な拡張形は，例えば，次式のようになる．

$$\frac{\dot{\varepsilon}_1{}^p}{\sigma_1{}'} = \frac{\dot{\varepsilon}_2{}^p}{\sigma_2{}'} = \frac{\dot{\varepsilon}_3{}^p}{\sigma_3{}'} = \lambda_d \tag{2.21}$$

ただし，λ_d は比例係数であり，塑性変形の進行の有無を判定するときや，λ_d の大きさを定めるときには，準静的変形の場合に対応してつぎのように行えばよい．

塑性変形の進行の有無の判定

$$\left.\begin{array}{ll} \text{負荷：} \sigma > f_s\ (\varepsilon^p)\ \text{のとき} & \lambda_d > 0 \\ \text{除荷：} \sigma \leqq f_s\ (\varepsilon^p)\ \text{のとき} & \lambda_d = 0 \end{array}\right\} \tag{2.22}$$

λ_d の決定

$$\lambda_d = \frac{\sqrt{\left(\frac{3}{2}\right)} \cdot \dot{\varepsilon}_g{}^p}{\sqrt{\left(\frac{2}{3}\right)} \cdot \sigma_g} = \frac{3}{2}\ \frac{g_d(\sigma_g, \varepsilon_g{}^p)}{\sigma_g} \tag{2.23}$$

ただし，g_d は動的塑性曲線 $\sigma = f_d(\varepsilon^p, \dot{\varepsilon}^p)$ を準静的な場合と同様に一般化変数に拡張した関係 $\sigma_g = f_d(\varepsilon_g{}^p, \dot{\varepsilon}_g{}^p)$ を $\dot{\varepsilon}_g{}^p$ について解いたものである．

以上のように，基本特性として動的塑性曲線式 (2.16) を用いた基礎式が確定する．

〔3〕 動的塑性曲線の例

式 (2.16) の実験式として，以前からつぎの二つがよく用いられる[29]．

2.3 機械的特性

（1） べき乗則

$$\sigma = \sigma_0(\varepsilon^p) \cdot \left(\frac{\dot{\varepsilon}^p}{\dot{\varepsilon}_0^p}\right)^m \tag{2.24}$$

ここに，$\dot{\varepsilon}_0^p$，m は定数とし，σ_0 は ε^p の関数である．

（2） 対数則

$$\sigma = \sigma_1(\varepsilon^p) + \sigma_2(\varepsilon^p) \cdot \ln\left(\frac{\dot{\varepsilon}^p}{\dot{\varepsilon}_1^p}\right) \tag{2.25}$$

ここに，$\dot{\varepsilon}_1^p$ は定数であり，σ_1，σ_2 はおのおの ε^p の関数である．

一例として，アルミニウム，銅，鋼の板材（**表2.2**参照）を次節で述べる試験法による $2\times10^{-4}\,\mathrm{s}^{-1} \leqq \dot{\varepsilon} \leqq 10^3\,\mathrm{s}^{-1}$ の範囲のひずみ速度に対し得た結果を**図2.27**〜**図2.29**に示す．この実験結果については，各材料ともべき乗則より対数則の方がより良く近似できた．ここに，定数値 F_0，F_1，F_2，n，h，k を用いて

$$\sigma_0(\varepsilon^p) = F_0\varepsilon^n \tag{2.26}$$

$$\sigma_1(\varepsilon^p) = F_1\varepsilon^h \tag{2.27}$$

$$\sigma_2(\varepsilon^p) = F_2\varepsilon^k \tag{2.28}$$

と書けるものとした．表2.2の板材の実験式を参考のために記すとつぎのようであった．ただし，弾性変形を無視し，$\varepsilon^p = \varepsilon$ としてある．また，$0.01 \leqq \varepsilon \leqq 0.1$，$2.0\times10^{-4} \leqq \dot{\varepsilon}\,[\mathrm{s}^{-1}] \leqq 10^3$ の範囲の結果をまとめたものである．

表2.2 試片の材質と焼なまし条件および熱処理後の硬さ

材　質	試片の焼なまし条件	熱処理後の硬さ（HV）
純アルミニウム板 （A 1050 P）	大気中，350℃ 1時間保持後炉冷	19.6
純銅板 （C 1100 P）	窒素雰囲気中，550℃ 1時間保持後炉冷	40.4
冷間圧延鋼板 （SPCC）	真空中，910℃ 30分保持後炉冷	106.8

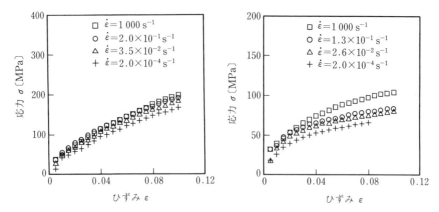

図2.27 純アルミニウム（A 1050 P-O）の動的塑性曲線

図2.28 純銅（C 1100 P-O）の動的塑性曲線

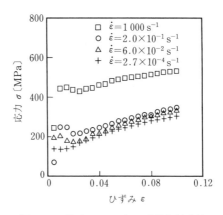

図2.29 鋼（SPCC-O）の動的塑性曲線

アルミニウム

$$\sigma = 132 \times \varepsilon^{0.28} + 12.8 \times \varepsilon^{0.71} \times \ln \frac{\dot{\varepsilon}}{2.0 \times 10^{-4}} \quad [\text{MPa}] \tag{2.29}$$

銅

$$\sigma = 759 \times \varepsilon^{0.63} + 6.0 \times \varepsilon^{0.51} \times \ln \frac{\dot{\varepsilon}}{2.0 \times 10^{-4}} \quad [\text{MPa}] \tag{2.30}$$

鋼

$$\sigma = 1\,052 \times \varepsilon^{0.58} + 12.3 \times \varepsilon^{-0.12} \times \ln \frac{\dot{\varepsilon}}{2.7 \times 10^{-4}} \quad [\text{MPa}] \tag{2.31}$$

ひずみ速度の履歴や温度を考慮した基本特性の提案[32),33)]や，これら諸量間の状態方程式の検討[34)] がされている．

数値解析でしばしば使われる材料の速度依存性を考慮する代表的なモデルを簡単に示しておく．古いものでは Cowper-Symonds モデルに代表され，動的降伏応力 σ は次式で表される[38)]．

$$\sigma = \sigma_s \left\{ 1 + \left(\frac{\dot{\varepsilon}^p}{D} \right)^{1/p} \right\} \tag{2.32}$$

ここで，σ_s は静的降伏応力，$\dot{\varepsilon}^p$ は相当塑性ひずみ速度，D と p は材料固有の定数である．また加工硬化，ひずみ速度依存，温度軟化特性を考慮する Johnson-Cook モデルを以下に示す[39)]．

$$\sigma = [A + B(\varepsilon^p)^n] \left[1 + C \ln \left(\frac{\dot{\varepsilon}^p}{\dot{\varepsilon}_0^p} \right) \right] \left[1 - \left(\frac{T - T_r}{T_m - T_r} \right)^m \right] \tag{2.33}$$

ここで A，B，C および n と m は材料定数で，実験で求められる．$\dot{\varepsilon}^p / \dot{\varepsilon}_0^p$ は無次元化相当ひずみ速度，$\dot{\varepsilon}^p$ は参照ひずみ速度（普通 $1\,\mathrm{s}^{-1}$），T_r は参照温度（室温），T_m は融点である．

さらに谷村・三村構成モデルでは，破壊を伴う大ひずみ域まで $10^{-2} \sim 10^4\,\mathrm{s}^{-1}$ のひずみ速度域において精度が良好で，鉄系，アルミニウム系，銅系といった材料グループごとのパラメーターが谷村らによって求められており，材料の準静的時の応力-ひずみ関係を取得すれば，ひずみ速度効果を考慮した数値解析が行えるものである[40),41)]．

$$\sigma = \sigma_s + [\alpha(\varepsilon^p)^{m1} + \beta] \left[1 - \frac{\sigma_s}{\sigma_{CR}} \right] \ln \left(\frac{\dot{\varepsilon}^p}{\dot{\varepsilon}_s^p} \right) + B(\varepsilon^p) \left(\frac{\dot{\varepsilon}^p}{\dot{\varepsilon}_u} \right)^{m2} \tag{2.34}$$

右辺第 1 項は準静的応力，第 2 項はひずみ速度に依存する応力変化，第 3 項は高ひずみ速度域での流動応力の増分を表す．$\dot{\varepsilon}_s^p$ は準静時変形の相当塑性ひずみ速度であり $10^{-2}\,\mathrm{s}^{-1}$ とされている．$\dot{\varepsilon}_u$ は単位ひずみ速度（$=\mathrm{s}^{-1}$），σ_{CR} は

単軸負荷時の材料の限界強度，α, β, $m1$, $m2$ は各材料グループ固有の材料パラメーター，B は粘性項の係数である．

2.3.3 不連続波と衝撃圧縮曲線

圧縮負荷の速度がきわめて大きくなると，2.3.1項で述べたような不連続波（衝撃波）が生じる．このような場合には，例えば，平板衝撃試験[11),12)]のように一軸ひずみ状態下の状態方程式を求めることになる．

〔1〕 **飛躍形保存則（基礎式）**

着目要素に対し，衝撃波が通過する際にも，質量および運動量の保存則を適用してモデル化する．ただし，諸量が波面を横切って不連続であるので，これらの基礎式は微分形でなく飛躍形で表現される．

図 2.30 のように，ラグランジュ座標 X の正の方向に伝播している平面衝撃波を考える．もし，波面が軸対称曲面であっても，X 軸付近では平面的である．衝撃波の通過に伴い，伝播方向の応力，ひずみ，粒子速度の成分が (s_{xb}, e_{xb}, v_b) から (s_{xa}, e_{xa}, v_a) へ飛躍する．ここに添字 b, a は波面通過前，後に対応している．また，s_x, e_x はおのおの未変形時の単位面積，単位長さ当りの公称値をとり，引張状態を正とする．さらに簡単のため，粒子速度の波面内の成分はないものとする（一軸ひずみ状態）．

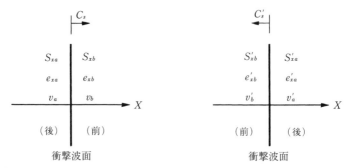

(a) 正方向に伝播する衝撃波　　(b) 負方向に伝播する衝撃波

図 2.30　衝撃波の通過に伴う諸量の飛躍

2.3 機 械 的 特 性

物質要素に対する運動量および質量の保存則では，大変形の場合にも，おの
おの

$$s_{xa} - s_{xb} = -\rho_0 c_s (v_a - v_b) \tag{2.35}$$

$$v_a - v_b = -c_s (e_{xa} - e_{xb}) \tag{2.36}$$

が成立する．ただし，ρ_0 は未変形時の密度であり，c_s は未変形の物質に埋め
込んだ座標 X に対する速度である．なお，v_b, v_a は静止座標（オイラー座標）
に対する粒子速度である．

負の方向に伝播する衝撃波についても波面通過前，後の諸量に付ける添字を
おのおの b, a とすると運動量および質量の保存則は次式で表せる．

$$s_{xa}' - s_{xb}' = \rho_0' c_s' (v_a' - v_b') \tag{2.37}$$

$$v_a' - v_b' = c_s' (e_{xa}' - e_{xb}') \tag{2.38}$$

この種の飛躍量についてよく用いられる表現

$$[s_x] = s_{xa} - s_{xb}, \quad [v] = v_a - v_b, \quad [e_x] = e_{xb} - e_{xb} \tag{2.39}$$

により式 (2.35) ～ (2.38) を書き改めると

$$[s_x] \pm \rho_0 c_s [v] = 0 \tag{2.40}$$

$$[v] \pm c_s [e_x] = 0 \tag{2.41}$$

を得る．これが飛躍形で表した運動量と質量の保存則である．ここで，上の2
式から $[v]$ を消去すると

$$c_s = \sqrt{\frac{1}{\rho_0} \frac{[s_x]}{[e_x]}} \tag{2.42}$$

を得る．これは，飛躍量が十分小さくなり，かつ一軸応力状態（$s_x \to s$,
$e_x \to e$）であると仮定できる場合には，カルマンの求めた塑性波の伝播速度[43]

$$\sqrt{\frac{1}{\rho_0} \frac{ds}{de}}$$

に一致する．

〔2〕 **衝撃圧縮曲線**

未変形,静止状態 ($s_{xb}=e_{xb}=v_b=0$) の素材に衝撃圧縮 v_a を与えると,前述のように s_{xb}, e_{xa} が発生し,これが速度

$$c_s = \sqrt{\frac{1}{\rho_0}\frac{s_{xa}}{e_{xa}}} \tag{2.43}$$

で伝播する.この c_s は実測によると,相転移などが生じない範囲では材料定数 k_1, k_2 を用いて

$$c_s = k_1 + k_2 v_a \tag{2.44}$$

となる.したがって,式 (2.40),(2.41) から v_a に対し,s_{xa}, e_{xa} が定まる.この関係を添字 a を除いて示すと,例えば,次式となる.

$$s_x = f_{id}(e_x) \tag{2.45}$$

ここに,s_x の大きさは衝撃応力が十分大きい場合,静水圧成分 P と $s_x \fallingdotseq -P$ なる関係にあるので,式 (2.45) は衝撃圧力-比体積関係に相当する.この種のエントロピーの増大する衝撃圧縮により実現される状態と等エントロピー圧縮および等温圧縮との相違は模式的に**図 2.31** のようになる[42].

一方,このような衝撃波が生じるような状態では,例えば,平板衝撃試験のように一軸ひずみ状態での超高速圧縮(試験)を実施し,2.1 節で述べた〔2〕状態方程式について

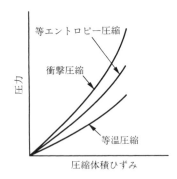

図 2.31 衝撃圧縮,等エントロピー圧縮,等温圧縮曲線の概要[44]

検討すべきである.現在のところ,ポリカーボネート (PC) について,等方応力 σ と体積ひずみ ε,体積ひずみ速度 $\dot{\varepsilon}$ の間には,おおむね,$\sigma = 3.1 \varepsilon^{0.9}\{2\,000\,\dot{\varepsilon}\}^{0.04}$〔GPa〕なる状態方程式が得られている[12].なお,この実験では埋込みゲージとして PVDF ゲージを用いているが,現状ではこの衝撃インピーダンスに近い材質の試験片のみの実験に限られている.

2.4 試 験・計 測 法

　高エネルギー速度加工の実施・検討のためには，加工速度，加工力，加工量，温度などの加工パラメーターの計測が重要である．さらに，詳細な検討には高速変形中の物体内の応力，変形，温度などの分布の情報も必要となる．しかし，これら諸量が短時間に変化するので，計測そのものが困難であることが多い．また，慣性効果が無視できなくなると力あるいは応力の直接測定ができず，これらを幾何学的諸量の測定から運動法則を介して間接的に求めざるを得なくなってくる．ここでは，後に述べるように，高速加工の最も簡単な例であると考えられる材料試験についての問題点とその計測について考えてみる．

2.4.1 高ひずみ速度・材料試験の特殊性

　準静的変形下の塑性曲線を求めるための試験法として最も利用されているのは引張試験であり，そのための試験機も基本設備として一般的なものとなっている．しかし，通常の引張試験機で試験できるひずみ速度の上限は $10^{-1} \mathrm{s}^{-1}$ 程度であろう．

　試験片に負荷を与えると，その内部に応力あるいは変形が生ずるが，これらは有限の速度で伝播する．したがって，試片が有限の大きさを持っている限り，試片の諸量は一般に変化していくので，試片外部の観測量だけから試片内部の状態を推定することは困難である．予測のためには正しい構成式を含む基礎式に基づき，この材料試験をシミュレートしなければならない．すなわち，高ひずみ速度の材料試験の解析は，一般の高速塑性加工をシミュレーションすることにほかならないし，さらに，基本特性が未知であるということが問題をより困難にする．

　「高ひずみ速度・材料試験は準静的な場合の試験とは異なり，一種の高速加工である．」

　このような背景の下に，以下では，高速試験法として従来最も多用されてき

た分割ホプキンソン棒（split Hopkinson pressure bar：SHPB）利用の圧縮試験に着目し，検討する．

2.4.2 SHPB 圧縮法

1914年，B. ホプキンソンが短時間に変動する高圧力を弾性棒の弾性変形を利用して推定したことにより，この種の目的を持った棒がホプキンソン棒と呼ばれるようになった[37]．R. M. Davies によりホプキンソン棒の測定工具としての使用範囲が詳細に検討された[37]．その後，H. Kolsky はホプキンソン棒を二つに分割（split）し，その間に金属や高分子材料の薄い試片を挟み高速圧縮試験を行った[45]．これ以後，この種の工具が分割ホプキンソン棒（SHPB）と呼ばれている．しかし，この方式の試験機が広範に試作され，使用されるようになったのは，棒内の圧力や粒子速度を接着型ひずみゲージにより求めた Hauser らの研究[46]以後であると思われる[47]〜[53]．以下に，試験機の概要と測定原理について簡単に触れる．

〔1〕 SHPB 利用の圧縮試験機の概要

この試験機の工具と試片の配置の概要は図 2.32 のようである．装置はつぎの三つより構成される．（1）試片・工具系とその支持架台，（2）試片諸量の測定系，（3）高速負荷のための加速装置である．

（1）には円柱状試片と，これを挟み圧縮変形を与え得る一様な断面・材質の弾性丸棒（ホプキンソン棒）2本と，これらに打撃を与える棒（打撃

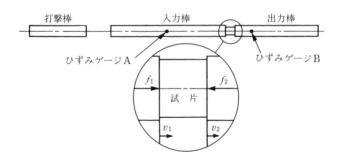

図 2.32　分割ホプキンソン棒式高速圧縮試験機の概要

棒) が基本構成部品である．また，これら工具・試片の中心軸を一致させるよう支持し，かつ，運動を拘束しない架台も含まれる．

(2) では，入力・出力棒にひずみゲージを貼り付け，その信号を検出し，記録・処理して試験中の試片に作用しているダイナミックな力および試片両端の動きを推定する．

(3) は打撃棒を所定の速度に加速する装置である．エネルギー源として，高圧ガス，またはばね，ゴムなどの弾性エネルギーが用いられる．所定の速度に加速された打撃棒が入力棒に衝突して衝撃応力を発生し試片を高速で圧縮する．

打撃棒を入力棒に両棒の中心軸が一致するように衝突させる．衝突により入力棒に生ずる衝撃応力は縦波として入力棒内を伝播（以後，この波を入射波 σ_I と呼ぶ）し，試片に到達する．入射波の一部は試片内に伝わり，試片両端で反射・干渉を繰り返しつつ試片を圧縮し，出力棒を伝播していく（以後，この波を透過波 σ_T と呼ぶ）．また，一部は入力棒内を打撃端の方へ戻っていく（以後，この波を反射波 σ_R と呼ぶ）．図 2.33 にゲージ位置 A および B（図 2.32 参照）にて得られた入射波・反射波および透過波の測定例を示す．縦座標は，本来，A，B のひずみゲージにより構成したおのおののブリッジ回路からの出力電圧であるが，図はその電圧を生ずる準静的な工具応力に換算して示してある．

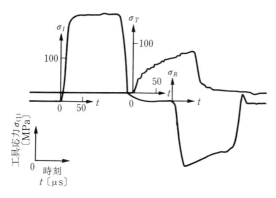

図 2.33 SHPB 法における測定波形例
（σ_I：入射波，σ_R：反射波，σ_T：透過波）

〔2〕 試験片諸量の推定

試験片の刻々の応力，ひずみ，ひずみ速度の平均値（$\bar{\sigma}_N$, $\bar{\varepsilon}_N$, $\bar{\dot{\varepsilon}}_N$は，例え
ば図2.32に示したような試片両端の工具の粒子速度v_1，v_2と試片に及ぼす圧
縮力f_1，f_2により次式のように定義できる.

$$\bar{\sigma}_N(t) = \frac{f_1(t) + f_2(t)}{2A_0} \qquad (2.46)$$

$$\bar{\dot{\varepsilon}}_N(t) = \frac{v_1(t) - v_2(t)}{h_0} \qquad (2.47)$$

$$\bar{\varepsilon}_N(t) = \int_0^t \bar{\dot{\varepsilon}}_N(\tau)\,d\tau \qquad (2.48)$$

ここに，A_0，h_0は試片の初期断面積，高さであり，時刻tの原点は圧縮開
始時にとる. ただし，応力，ひずみなどはいずれも圧縮を正とし，かつ工学
（公称）定義による. また，式（2.46）〜（2.48）は，試片内部の応力が一様
な一軸応力状態であり，また変形状態も一様であれば，おのおの，公称応力，
公称ひずみ速度，公称ひずみに一致する. なお，真応力σ，真ひずみεへの変
換は変形に伴う体積変化を無視すれば容易に行える.

以上により，f_1，f_2，v_1，v_2の推移を求める必要があるが，これをμsのオー
ダーの時間間隔で直接測定するにはかなり高度な技術が必要である. 通常，多
用されているSHPB圧縮法では諸量を間接的に求める. すなわち，図2.32に
示したように試片から離れた位置で，かつ，入射，反射，透過ひずみを独立に
測定し，これに一次元弾性波理論が適用できるとすれば，以下のようにf_1，
f_2，v_1，v_2を求めることができる.

入力棒の試片接触端における入射波・反射波の刻々の応力をσ_{I1}，σ_{R1}とし，
また，その粒子速度をv_{I1}，v_{R1}とするとf_1，v_1は次式のように表せる.

$$f_1(t) = A_b \cdot \{\sigma_{I1}(t) + \sigma_{R1}(t)\} \qquad (2.49)$$

$$v_1(t) = v_{I1}(t) + v_{R1}(t) \qquad (2.50)$$

ここに，A_bは入力棒の断面積である. 同様に出力棒に関して試片端におけ

る透過波の刻々の応力，粒子速度を σ_{T2}, v_{T2} とすると次式を得る．

$$f_2(t) = A_b \cdot \sigma_{T2}(t) \tag{2.51}$$

$$v_2(t) = v_{T2}(t) \tag{2.52}$$

一方，棒の密度と波面伝播速度をおのおの ρ, C_b とするとき，弾性波理論により

$$\sigma_{I1}(t) = \rho C_b v_{I1}(t) \tag{2.53}$$

$$\sigma_{R1}(t) = -\rho C_b v_{R1}(t) \tag{2.54}$$

$$\sigma_{T2}(t) = \rho C_b v_{T2}(t) \tag{2.55}$$

が導ける．前述のように入射・反射波が干渉せず，弾性波が伝播とともに形を変えなければ，式 (2.49)，(2.50)，(2.53)，(2.54) を通じて，入射波と反射波から f_1, v_1 の推移が求められる．同様に，式 (2.51)，(2.52) と式 (2.55) から f_2, v_2 の推移が求められる．

〔3〕 **SHPB 法の問題点**

SHPB 圧縮法により高精度で基本特性を求める際に考えなければならない問題は，つぎの三つである．第一は一次元弾性波理論が，その適用を必要とする弾性工具の場所と時間にわたって妥当であるか．もし，妥当でなければ試片両端に作用する圧縮荷重および試片両端の粒子速度の推移の推定が困難となる．第二は試片内で応力，ひずみ，ひずみ速度が一様に分布し，かつ一軸応力状態にあるか．もし，そうでなければ平均的諸量に誤差が生じ，基本特性の正しい評価が困難となる．なお，試片内部が一様な一軸応力状態から外れるのは，① 圧縮試験特有の工具・試片間の境界面摩擦によるものと，② 試片慣性のため応力および変形は有限の速度で伝播し，瞬時に一様分布はとれないことによるものとがある．第三に，試片のひずみ速度およびその推移を推定することができるか．もし，試片のひずみ速度を望むように指定することができなければ，試片の応力-ひずみ曲線に及ぼすひずみ速度ならびにその履歴の影響の検討が困難である．

以下の項でこれらの問題点を検討し，その対策を考察する．

2.4.3 一次元弾性波理論の適用

ほぼ同一条件の純アルミニウム（A 1100-O）円柱試片 18 個の実験データについて，前項で述べた方法により平均応力-ひずみ曲線を求めた結果を**図 2.34**に示す[54]．同図（a）は反射波，透過波に対し，$t=0$ を図 2.33 のように各波形の立上り点としてデータを整理した．一方，同図（b）では，反射波の $t=0$ は入射波の立上り点から弾性波がゲージ A から試片端まで往復する時間だけずらして定め，透過波の $t=0$ は同じく弾性波がゲージ A からゲージ B まで（ただし，試片を除く）移動する時間だけずらして定めた．

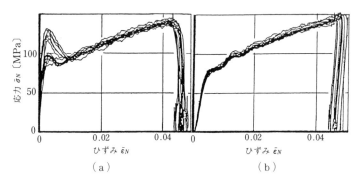

図 2.34 実験データ整理法の相違による応力-ひずみ曲線の差異[54]

図 2.34（a），（b）は様相を異にするが，弾性波の伝播に伴う分散現象が利いている例である．図（a），（b）に相当する時刻の原点の差は数 μs であるが，それが特に σ_{I1} と σ_{R1} との加算結果 $f_1(t)$ に影響する．両者のどちらが正しいかは，例えば，応力-ひずみ曲線の除荷部の傾きで判定することができる．後者のそれが約 70 GPa であり，これがアルミニウムの縦弾性係数にほぼ等しいので，図（b）が妥当であろう．

また，通常，圧縮中の試片両端の荷重の推移がほぼ等しく

$$f_1(t) \fallingdotseq f_2(t) \tag{2.56}$$

であるので，これを用いると

$$\bar{\sigma}_N(t) \fallingdotseq A_b \cdot \frac{\sigma_{T2}(t)}{A_0} \tag{2.57}$$

$$\bar{\dot{\varepsilon}}_N(t) \fallingdotseq -\frac{2\sigma_{R1}(t)}{\rho C_b h_0} \tag{2.58}$$

$$\bar{\varepsilon}_N(t) \fallingdotseq -\frac{2}{\rho C_b h_0}\int_0^t \sigma_{R1}(\tau)\,d\tau \tag{2.59}$$

を得る．式 (2.57) 〜 (2.59) でデータ整理すると $\sigma_{I1} + \sigma_{R1}$ の項が現れず，応力-ひずみ曲線のばらつきが小さくてすむ．

　一次元理論の適用の妥当性について，もう一つ，工具と試片の断面積比の問題がある．入力・出力棒と試片との境界面で材質ばかりでなく断面積が不連続的に変化するので，この部分に一次元理論が適用できるかどうかの検討が必要である．厳密な考察は，SHPB 圧縮法を二次元問題として解析する方法[56]により可能であるが，必ずしも容易ではない．弾性試片に対してであるが，実験的なチェックはつぎのように行える．実験入射波を計算の初期条件として与え，一次元理論により反射波・透過波を予測する．これらと実験で求めた反射波・透過波とを比較した例を**図 2.35**に示す．実験と計算結果との差異は，

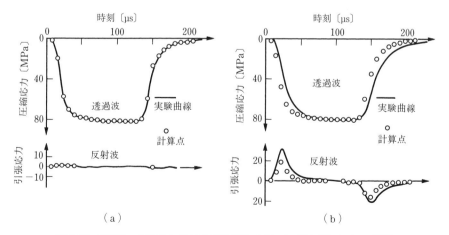

図 2.35　透過波・反射波に及ぼす試片面積 (A_0) / 工具面積 (A_b) の影響

A_0/A_b が 1 から離れるほど大きくなる傾向がある．しかし，断面積比が同一であっても試片の音響インピーダンスが工具のそれに比し，小さくなると一次元理論の適用しやすいことが予想され，これは Bertholf らの結果（$A_0/A_b \fallingdotseq$ 0.7）[55] により裏付けられている．現在のところ

$$\frac{A_0}{A_b} \geqq 0.7 \tag{2.60}$$

が推奨される．

2.4.4　応力波効果とその対策

　試片の内部が一様な状態にあるかどうかは計算によって推定せざるを得ず，初期には，一軸応力状態の仮定の下に検討された [52),56),57]．ついで，円板について半径方向慣性の影響が考慮され [57]，その後，円柱の二次元モデルが解析された [55]．

　試片は圧縮開始直後一様な一軸応力状態にはないが，おおむね

$$\varDelta T \fallingdotseq 10 \frac{L_0}{C_0} \tag{2.61}$$

なる時間が経過すれば，平均的諸量が試片中央部の諸量のおよその値を表している．ここに，L_0 は試片の代表寸法であり，C_0 は対応する弾性波速度である．例えば，試片の直径 d_0，高さ h_0 に対する一様状態を満たす条件は

$$d_0 \leqq C_0 \cdot \frac{\varDelta T}{5} \tag{2.62}$$

$$h_0 \leqq C_0 \cdot \frac{\varDelta T}{10} \tag{2.63}$$

である．例えば，ひずみ速度 $10^3\,\mathrm{s}^{-1}$ の下で，$\varepsilon > 0.01$ のひずみ範囲でアルミニウムの応力-ひずみ曲線を定めたいような場合には $\varDelta T = 0.01 \times 10^{-3}\,\mathrm{s}$ と置けばよいから，試片の直径および高さをおおむね 13 mm，および 5 mm 以下に抑える必要がある．

2.4.5 摩擦効果とその対策

圧縮試験には試片・工具間摩擦があるため，試片は一様な一軸応力状態となりにくい．Bertholfら[55]の二次元の弾塑性波解析によると，試片内諸量の一様状態からの外れは慣性力よりも摩擦力の影響をより大きく受けること，また，摩擦係数が0.05以下であれば，この影響をおおむね無視できることなどを明らかにした．しかし，μは潤滑剤，工具また試片の材質，ならびに，互い

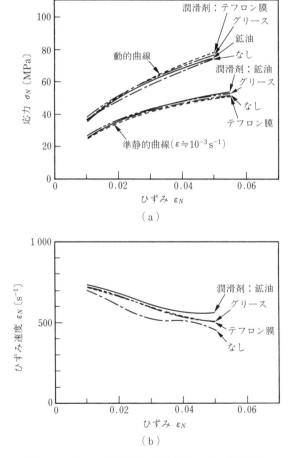

図 2.36 種々の潤滑条件で得た外挿の高ひずみ速度応力-ひずみ曲線の一致の程度[60]

に相対すべりを起こしている時点および場所での性状に影響されるのはもちろん，接触面の相対すべり速度やそこに作用する圧力の影響を受ける．したがって，μの正確な評価は困難であるので，これを何とかして取り除く必要がある．このため外挿法を適用する[58),59)]．

試片の単位面積当りの圧縮荷重$\bar{p}$と，摩擦のない場合の真の応力σとの間に刻々の試片の直径と高さをおのおの$d,\ h$とすると，摩擦拘束があまり大きくない場合，高ひずみ速度圧縮の場合でも

$$\bar{p} \fallingdotseq \left(1 + \frac{\bar{\mu}d}{3h}\right)\sigma \tag{2.64}$$

が成立する[58)]．ここに，$\bar{\mu}$は平均的摩擦係数である．この式（2.64）に基づいて，d/hの異なる数種の円柱を同程度のひずみ速度推移の下に圧縮して得た結果から外挿法により真の変形応力を推定することができる[58),59)]．この外挿法の精度を調べるため，4種類の潤滑条件の場合についての外挿曲線の一致の程度を見たのが**図 2.36** であり，その値は ±5% 程度である[59)]．

2.4.6　ひずみ速度およびその推移の制御に関する検討

SHPB 法は試作が容易で簡便な方法であるが，試験中の試片のひずみ速度推移の調節は困難であった．例えば，一様断面の打撃棒を用いる通常の SHPB 法では，試片に負荷する入射波は方形波応力パルスである．この入射波で試片を圧縮しても試片の加工硬化のために，そのひずみ速度は低下していく．これは SHPB 試験機の剛性が低いことに起因するので，この点を考慮したひずみ速度の制御が必要となる．

この試みは，例えば，試片の変形挙動に応じた負荷波を変断面打撃棒により発生させる方法で実現された[60),61)]．この応用範囲は広く，例えば，① 一定ひずみ速度試験（**図 2.37** 参照），② ひずみ速度急変試験（**図 2.38** 参照），③ 板材の高ひずみ速度試験（**図 2.39** 参照）などに適用されている．

2.4 試験・計測法

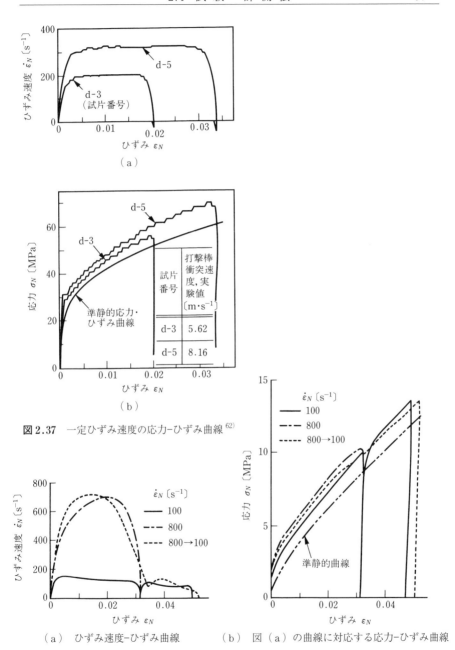

図 2.37 一定ひずみ速度の応力-ひずみ曲線[62]

（a） ひずみ速度-ひずみ曲線　　（b） 図（a）の曲線に対応する応力-ひずみ曲線

図 2.38 ひずみ速度急変試験[63]

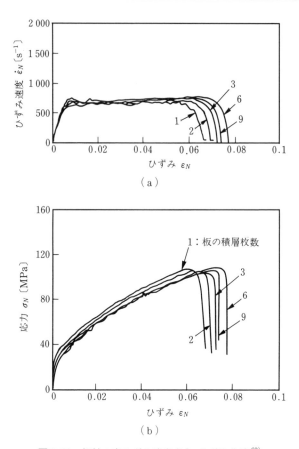

図 2.39　板材の高ひずみ速度応力-ひずみ曲線[63]

2.4.7　標準的な SHPB 圧縮法

　現状で標準的な SHPB 圧縮法は，文献 64) と 65) に挙げるものであろう．特に，工具・試験片境界面摩擦の影響を取り除く手法を明確に示した文献 65) はぜひ参考にしていただきたい．一方，この種の試験法の精度を上げる手順は確かに煩雑である．そのような方には簡易化落錘法が推奨できる[66),67)]．

引用・参考文献

1) Hill, R.：The Mathematical Theory of Plasticity, (1950), Clarendon Press.

2) R. ヒル著, 鷲津久一郎・山田嘉昭・工藤英明訳：塑性学, (1954), 培風館.

3) 高橋寛：多結晶塑性論, (1999), コロナ社.

4) Kolsky, H.：Stress Waves in Solids, (1953), Clarendon Press.

5) 瀬口靖幸・進藤明夫・春原正明：塑性と加工, 14-153 (1973), 796-805.

6) 例えば, 文献 2) の 10 章 7 節：「粗い板間の円柱の圧縮」.

7) 例えば, 山下実・佐藤裕久：塑性と加工, **48**-558 (2007), 635-639.

8) 例えば, 山下実・佐藤裕久：塑性と加工, **49**-574 (2008), 1101-1105.

9) 例えば, 佐藤裕久・山下実：塑性と加工, **50**-584 (2009), 842-846.

10) 例えば, 林卓夫・田中吉之助編著：衝撃工学 (3.1 節　高速変形機構の分類と変形挙動の概要), (1988), 日刊工業新聞社.

11) 佐藤裕久・菊池亘・鈴木英：日本機械学会論文集 (A 編), **63**-616 (1997), 2618-2623.

12) Sato, Y., Yoshida, M., Nagayama, K. & Horie, Y.：International Journal of Impact Engineering, **35** (2008), 1778-1783.

13) 竹山壽夫：初等塑性力学 (3.2 節　応力とひずみの関係), (1969), 丸善.

14) 佐藤裕久：日本機械学会講演論文集および付録：討論集, No.800-9 (裾野, 第 18 回シンポジウム・衝撃応答), (1980), 17-22, 2-4.

15) Sato, Y., Yamashita, M., Hattori, T. & Suzuki, S.：Journal of Solid Mechanics and Materials Engineering, **3**-3 (2009), 584-595.

16) 大森正信・吉永芳豊・川畑武：日本金属学会誌, **33**-6 (1969), 730-736.

17) Ohmori, M., et al.：Proc. 9th Japan Congr. Test. Mat., (1966), 58.

18) 大森正信：日本機械学会誌, **76**-653 (1973), 555-566.

19) 大森正信：金属加工新技術研修会テキスト, (1980), 71, (財) 中国工業技術協会.

20) Clark, D.S., et al.：Trans. ASM, **42** (1950), 45-74.

21) 大森正信・沖本繁之・吉永芳豊：日本金属学会誌, **36**-8 (1972), 803-808.

22) 大森正信・吉永芳豊・間庭秀世：日本金属学会誌, **32**-7 (1968), 686-690.

23) 大森正信・伊藤操・吉田総仁：日本金属学会誌, **47**-9 (1983), 775-781.

24) 大森正信・榊原安英・金子講治・吉永芳豊：日本金属学会誌, **40**-8 (1976), 802-807.

25) 大森正信：機械の研究，**38**-9（1986），1059-1064.

26) 大塚正久・堀内良：日本金属学会誌，**48**-7（1984），688-693.

27) 大森正信・沖本繁之・樋本明則・吉永芳豊：日本金属学会誌，**36**-10（1972），1044-1050.

28) Holt, D. H., et al.：Trans. ASM, **60**（1967），152.

29) Dieter, Jr, G. E.：Fundamentals of Deformation Processing（ed. Backofen, W. A., et al.），（1964），145, Syracuse University Press.

30) Campbell, J. D.：Mater. Sci. Eng., **12**-1（1973），3-21.

31) Malvern, L. E.：Inst. Phys. Conf. Series70（1984），1, The Institute of Physics, England.

32) 白樫高洋・臼井英治：精密機械，**37**-5（1971），338-343.

33) Klepaczko, J. R., et al.：J. Mech. Phys. Solids，**34**-1（1986），29-54.

34) Thomsen, E. G., Yang, C. T. & 小林史郎（工藤英明ほか訳）：金属塑性加工の力学，（1967），110，コロナ社．

35) 吉田進・永田徳雄：日本金属学会誌，**29**-8（1965），811-817.

36) Campbell, J. D., et al.：Proc. Roy. Soc. London, A**236**-1204（1956），24-40.

37) Davies, R. M.：Phil. Trans. Roy. Soc., **240**（1948），375-457.

38) Cowper, G. R. & Symonds, P. S.：Division of Applied Mathematics, Brown University，（1957）.

39) Johnson, G. R. & Cook, W.H.：Proc. 7th Int. Sym. Ballistics，（1983），1-7.

40) 谷村眞治・三村耕司・楳田務：材料，**50**-3（2001），210-216.

41) Tanimura, S., Hayashi, H., Yamamoto, T. & Mimura, K.：J. Solid Mech. & Mater. Engng., **3**-12,（2009），1263-1273.

42) 庄野安彦：衝撃工学（林卓夫・田中吉之助編著），（1988），203，日刊工業新聞社．

43) Karman, Th. von：J. Appl. Phys., **21**-10（1950），987-994.

44) Chiddister, J. L., et al.：Proc. Soc. Exp. Stress Analys., **20**-1（1963），81.

45) Kolsky, H.：Proc. Soc., B**62**（1949），676-700.

46) Hauser, F. E., et al.：Response of Metals to High Velocity Deformation（ed. Shewmon, P. G., et al.），（1960），93, Interscience.

47) Chiddister, J. L., et al.：Exp. Mech., **3**（1963），81-90.

48) Davies, R. D. H., et al.：J. Mech. Phys. Solids, **11**（1963），155-179.

49) Lindholm, U. S.：J. Mech. Phys. Solids, **12**（1964），317-335.

50) Tanaka, K., et al.：Proc.7th Japan Congr. Test. Mat.，（1964），91.

引 用 ・ 参 考 文 献   61

51) 吉田進・永田徳雄：日本金属学会誌，**29**-1（1965），99–104.

52) 山田嘉昭・輪竹千三郎・沢田孚夫：塑性と加工，**9**（1968），55–60.

53) Holzer, A. J.：Trans. ASME, Ser. H, **101**-3（1979），231–237.

54) 鴨志田隆ほか：日本機械学会東北学生会第11回学卒研発講論，（1981），58–59.

55) Bertholf, L. D., et al.：J. Mech. Phys. Solids, **23**-1（1975），1–19.

56) Conn, A. F.：J. Mech. Phys. Solids, **13**（1965），311–327.

57) 佐藤裕久：東北大学博士学位論文，（1973），247.

58) 佐藤裕久・竹山壽夫：塑性と加工，**22**-249（1981），1023–1029.

59) 佐藤裕久・竹山壽夫：塑性と加工，**22**-251（1981），1236–1243.

60) 佐藤裕久・竹山壽夫：塑性と加工，**22**-254（1982），252–258.

61) 佐藤裕久・竹山壽夫：塑性と加工，**24**-270（1983），744–750.

62) 竹山壽夫・佐藤裕久・戸部優美・加藤正名・高津宣夫：日本機械学会論文集A，**51**-461（1985），277–281.

63) 佐藤裕久・松井正己・小林源生・高橋浩幸：塑性と加工，**29**-327（1988），398–403.

64) 佐藤裕久・山下実：塑性と加工，**50**-584（2009），842–846.

65) Sato, Y., et al.：J. Solid Mech. Mat. Eng., **3**-3（Special Issue on M&M2008），（2009），584–585.

66) 西村圭央・上野拓・佐藤直樹・平野雅将・千葉大輔・箱山祐司・佐藤裕久：塑性と加工，**47**-545（2006），517–521.

67) Yamashita, M., et al.：Mater. Sci. Forum, **673**（2011），259–264.

3 爆発加工

3.1 爆発加工の概要

3.1.1 概要と技術開発の経緯

古代中国の四大発明の一つに数えられている黒色火薬は，硝石，硫黄，木炭の混合物で，当初は種々に調合して薬物として用いられていた．後に火器に利用され，中世には東西交易あるいは軍事遠征を通してヨーロッパに伝えられたといわれている．そして，1786年にフランスで塩素酸塩系のものが実用化され，1863～1866年にはスウェーデンのノーベルがダイナマイトの製造に成功を収め，今日に至っている．

爆薬はエネルギーの缶詰ともいわれており，1kgの爆薬（比重1.0，爆速5km/s，容積約10cm³）の有するエネルギーを電力に換算すると，2×10^8kW，すなわち100万kWの発電所200箇所の発電量に相当する．このエネルギーを金属の板や管の成形加工あるいは接合に利用する技術が1950～1960年に開発され実用化されている．また，ダイヤモンドの合成や，さらに電力や磁力に転換して超高圧や超高温の発生に利用する技術の研究が進んでいる．

爆薬を工業的に金属加工のエネルギー源として利用する試みは，1876年英国のアダムソンによる綿火薬を使った鋼板の変形，1888年米国のモンローによる木の葉の模様の鋼板への転写がある．

爆薬により金属を接合する技術は，第一次世界大戦で砲弾の破片が鋼板に高速で衝突し接合する現象が見られたことや，爆発成形で爆薬を過大に使用して

被成形金属板が金型に接合してしまうことから発展してきた．1962年，米国で部分的な爆発圧着に関する特許が公示されたのがこの技術に関する最初の特許であり，1964年にはDu Pont社と旭化成株式会社が工業的な全面圧着法の特許を得た．

爆発成形に関しては，1960年代に航空・宇宙産業で航空機ドア，大型圧力容器の鏡板，魚雷頭部などの成形に工業的に利用され始め，日本では，鏡板成形も実施されたが，その後，ビルの外装材（カーテンウォール）製造に多用された．また，最近では美術品制作への応用技術が開発されつつある．

金属の表面硬化を目的とした爆発硬化は，1940年代後半に高マンガン鋼について爆轟時に発生する衝撃波の与える影響が調査され，1950年代には工業的に利用されるようになった．今日では，クラッシャー部品，ブルドーザーつめ，鉄道用分岐器の硬化に利用されている．

爆発による粉末の圧搾技術の発展はほかの技術よりやや遅れ，1950年代後半に宇宙航空・原子力産業で粉体を高密度に圧縮する部品の要求があることから開発が進められてきた．1980年代後半には超合金粉末や粉末，箔または線の形状でしか得られないアモルファス合金の固形化などの実用化研究が進展した．

爆轟時に発生する衝撃波の研究が第一次・第二次世界大戦の間に進み，物質の高圧下での挙動や衝撃波の挙動が調べられた．さらに1930年代から1940年代にかけて，爆薬の特性や水中爆発など爆発加工技術の基礎となる事項の研究が活発に行われた．

3.1.2　爆発加工の種類

爆薬は，**表3.1**に示すように，工業生産，エネルギー転換，物理，医療など広い分野で利用されている．以下に工業利用について概要を示す．

〔1〕　**爆　発　圧　着**

爆発圧着はおもにクラッド材の製造に用いられており，日本と米国でまず工業化が始まり，現在では世界各国で生産が行われるようになった．製品は耐食構造用複合鋼板としてチタンクラッド鋼，ステンレスクラッド鋼などが化学反

3. 爆 発 加 工

表 3.1 爆薬の利用例

種　　類	適　用　例
爆 発 圧 着	クラッド製造，管接合，プラッギング等
爆 発 成 形	パラボラアンテナ，義歯床，建材用パネル等
爆 発 硬 化	金属，特に高マンガン鋼製品の硬化
爆 発 圧 粉	スーパーアロイ，セラミックス，アモルファス粉末固化
爆 発 切 断	鉄鋼スラブの切断，水中での金属切断
爆 発 合 成	wBN，粉末ダイヤモンド合成
爆 発 粉 砕	BN等の粉砕（活性化，純度の保持）
医　　療	人体内結石の破砕
超 高 圧 発 生	爆薬レンズ（100万気圧）
超高電流発生	爆薬発電機（10^{11} W/1 kg exp）
超高磁場発生	爆薬磁場濃縮機（1 kT）
超 高 速 発 生	爆薬発電機＋レールガン（20 km/s）

応設備，原子力・火力用熱交換器管板用に，また非鉄クラッドが異材接合部品用に多く製造されている．

　この方法は，接合すべき金属どうしを爆轟圧力を利用して瞬時にそれぞれの金属の構成原子を原子間引力が作用する距離まで近接させることで接合を完成させる方法である．接合界面には爆発圧着特有の波模様を生ずるが，これは金属が高速で衝突するために，衝突点の金属表面に数十～数百 μm の塑性流動層が生じ，これが波模様発生の原因となっている（3.2節参照）．

〔2〕 **爆 発 成 形**

　爆発成形は大型部品の製作に用いられており，特長としては通常のプレス法と異なり雌型だけの準備でよいこと，高速変形下にある対象金属の伸び率が良い方に変化する（特にアルミニウム，ステンレス鋼）場合のあること，スプリングバックが少なく，また型面に高速で被成形金属板が衝突するので型面が忠実に転写されることなどが挙げられる（3.3節参照）．

〔3〕 **爆 発 硬 化**

　金属の硬化法としては，ハンマリングやショットピーニングなど金属の加工硬化現象を利用した表面硬化法や熱処理による部分または全体硬化法がある．いずれも硬化部と非硬化部の硬度が急激に変化するが，これに対し爆発硬化法は，金属表面から内部に減衰しつつ伝播する衝撃波の影響により硬度が上昇す

るので，表面の高硬化層から未硬化層まで徐々に硬度が低下していく．このため他の硬化法による場合と異なり硬化層のスポーリング現象が見られない．

爆発硬化は，金属の種類によりその効果の現れ方に差があり，高マンガン鋼にその効果が最も顕著に現れる．実用的には，鉄道用分岐器への適用が多い．米国，オーストラリア，カナダでは鉱石・穀物・石炭など重量運搬物が多いので爆発硬化フロッグが使用されている．日本でも東海道線などの幹線で使用例がある．効果としては，初期摩耗・変形・表面硬化層の剥離や脱落防止に有効であり，かつ摩耗量が未硬化品に比べ少ないことから，未硬化品の3～5倍の寿命がある．この方面での適用は，鉄道車両の大型化・高速化に伴って分岐器の受ける衝撃も大きくなる対策として有効であり，今後の発展が予想される（3.4節参照）．

〔4〕 爆 発 圧 粉

爆発合成と同様の手法で得られる超高圧を利用して通常の方法では固化しないような粉末，例えばセラミックス粉末，スーパーアロイ粉末，アモルファス金属粉末を固化するのに有効な方法である．

アモルファス金属粉はよく知られているように溶湯を急冷凝固して非晶質とするため，粉末・細線・箔の形でしか得られていない．また，400℃前後の温度で非晶質から通常の金属組織に移行して非晶質金属としての特質を失うことから通常の溶接などの手法での固形化は不可能である．また，その硬度も例えば Co-Fe-Si-B 系の磁性材料は $HV700$ 程度と高く，プレスによる固形化も困難とされていた．この非晶質金属粉末も爆発圧粉法によれば固形化が可能で，現在 $\phi 35\,\mathrm{mm} \times l\,100\,\mathrm{mm}$ 程度の固体が得られており，金属塊と同様に切削加工も可能である（3.5節参照）．

〔5〕 爆 発 切 断

爆発切断法は，鋼板などを簡単に，短時間に，かつ作業性の悪い水中，山中，放射能雰囲気中などで切断するのに有効な手段である．ノイマン効果（または，モンロー効果）を利用するもので，爆薬の先端に金属板をセットし，爆薬を爆発させると爆轟により金属が高速のジェット流となり噴出し，金属板と

衝突してこれを貫通する現象を利用したものである．このときの金属ジェット流速は，10 000 m/s に達することもある（3.6節参照）．

〔6〕 爆 発 合 成

爆発合成は，炭素（黒鉛）から粉末状ダイヤモンドを，また六方晶系窒化ホウ素（hBN）からウルツ型窒化ホウ素（wBN）を合成することに利用されてきた．この方法は，高爆速の爆薬の爆発衝撃圧を直接または鋼製二重管や爆薬レンズにより間接的に試料に加え結晶系を変化させることで行える．

ダイヤモンドは5.5万気圧，1 500℃で黒鉛を長時間保持すれば合成されることはよく知られている．静的な方法では数 mm 径のダイヤモンドが得られる．

一方，動的な爆発合成で得られるダイヤモンドは，100 Å前後の結晶が集合した粒径 $10 \sim 10^{-1}$ μm の多結晶粒子である．このため単結晶粉末のように鋭いエッジがなく，へき開性もないのでセラミックスなどの高硬度材料を研磨する場合，被研磨材に傷が付きにくい，粒の破壊が少ないので研磨効率が良いなどの特長がある（3.7.1項参照）．

3.2 爆 発 圧 着

3.2.1 理　　論

〔1〕 爆発圧着法の概要

図3.1（a）のように母材と合せ材を適当な間隔をあけて平行に設置し，合せ材の上に緩衝材を挟んで適当量の爆薬をのせ，この一端を雷管によって起爆すると，爆発は左から右に進行していく．この途中の状態を示したのが同図（b）で，合せ材は超高圧を受けて母材方向に飛翔(ひしょう)を開始し，母材に衝突する．

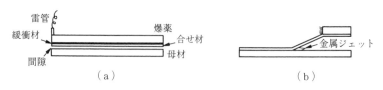

図3.1　爆発圧着の設定法と圧着過程

したがって，合せ材は母材にある角度をもって衝突することになる．

この衝突過程は超高速，超高圧で生ずるため衝突点では両金属が流体的な挙動を示し，衝突点から金属の噴流（金属ジェット）が発生する．この金属ジェットによって金属表面の酸化被膜やガス吸着層が除去され，現れた清浄表面が高圧によって密着し，合せ材と母材は完全に金属組織的に接合する．

一方，接合界面には爆発圧着の波状模様が形成される．この波状模様の形成理論は現在理論的にほぼ解明されている．

〔2〕 **金属の爆発衝撃に対する力学的現象**

爆薬の爆発による圧力が合せ材に順次作用し，合せ材はいずれの位置においても比較的等速で飛翔することになる．したがって，接合過程の各因子は比較的簡単な幾何学的関係で示される．その状態を示したのが**図3.2**である．これらの因子の間には次式が成り立つ．

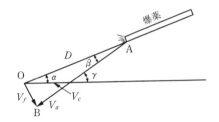

D：爆速，V_c：衝突点移動速度（衝突速度），
V_f：板の飛翔速度，V_a：板の流入速度，
α：設定角，β：上板の曲がり角，γ：衝突角

図3.2 接合過程の各因子

$$V_c = D \frac{\sin \beta}{\sin \gamma} \qquad (\gamma = \alpha + \beta) \tag{3.1}$$

$$V_f = 2D \sin\left(\frac{\beta}{2}\right) \tag{3.2}$$

$$V_a = V_c \frac{\cos(\beta/2 + \alpha)}{\cos(\beta/2)} \tag{3.3}$$

これらの因子のうち爆速 D のわかった爆薬を使用し，β，V_c，V_f，V_a のどれかが測定できれば，α は既知であるから上の関係式を使用してすべての因子が計算できる．したがって，爆薬の爆発エネルギーが上板に作用する機構を明らかにすれば，計算によって V_f を求めることができ，種々の数式が提案されて

いる．現在最も実測値に近い表式は滝沢によって提案されている次式である[1]．

$$V_f = \frac{2.23}{(t_e)^{0.35}} \frac{D}{D_0} \sqrt{(2E_a)} \sqrt{\frac{3R^2}{R^2+5R+4}} \qquad (3.4)$$

ここで，V_f は合せ材が到達する最高速度〔m/s〕，t_e は爆薬の厚さ〔mm〕，D は厚さ t_e の爆薬の爆速〔m/s〕，D_0 は使用した爆薬の理想爆速〔m/s〕，E_a は爆発したガスが断熱膨張したときに外界に取り出し得る有効エネルギー〔m²/s²〕である．図3.3は式（3.4）と実験式を比較したもので[1]，比較的良い一致を見せている．

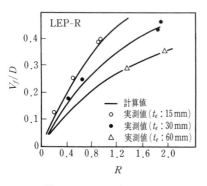

図3.3 R と V_f/D の関係

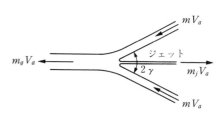

図3.4 ジェット発生のある場合の流れ状態

〔3〕 衝突過程の流体力学的解析

2枚の金属板が高速で衝突して接合する状態を理解するために，金属を流体とみなして流体の衝突過程としていろいろな解析がされている．

いま，この流れが非圧縮・非粘性で局部的に定常であると仮定する．また，考える座標として流体の衝突点を原点とした対称衝突の場合を考える．2枚の板が衝突するとき，衝突の前後でエネルギーの消耗がないため，衝突後の速度は衝突前の流入速度に等しい．また，運動量も保存されるため衝突の過程は図3.4のようになる．ここで衝突点から右側に金属ジェットが生じている．流入する流体の質量を m，衝突後の接合材と金属ジェットの質量をそれぞれ m_S，m_J とすると運動量保存則から式（3.5），（3.6）のようになる．

$$m_J = m(1-\cos\gamma) \tag{3.5}$$

$$m_S = m(1+\cos\gamma) \tag{3.6}$$

したがって，式（3.5）からγが0にならない限り，m_Jは0でないため，非圧縮性流体では金属ジェットはつねに存在することになる．

圧縮性で非粘性である流れを考えてみる．流体の流れが亜音速で衝突領域に近付くと，その流れは非圧縮性流体の流れとほぼ同じで金属ジェットは発生する．しかし，二つの流れが衝突点に超音速で流れ込むと，その様子はまったく異なる．すなわち，図3.5に示したように接触点に二つの斜めの衝撃波が生じ，それによって流れが曲げられ，金属ジェットは発生しない．

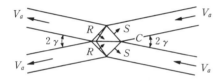

図3.5 衝撃波が発生する場合の流れ状態

図3.6は超高速流しカメラによって撮影したアルミニウムの対称衝突のとき発生した金属ジェットである[2]．上下は爆薬が発した光で，矢印で示したのが金属ジェットによる光である．

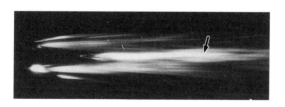

図3.6 超高速流しカメラによって撮影された Al–Al 対称衝突のジェットの発生状態（中央部の光がジェット，上下の光は爆薬）

〔4〕 接合界面の波状模様とその生成機構

爆発圧着の接合界面には図3.7に示すような特有の波状界面を生ずる[3]．図（a）は純鉄板を対称に衝突させたとき（衝突角度$2\gamma=18.6°$）の界面で，かなり対称的な正弦波状の界面を示している．衝突角度が大きくなると直線状の

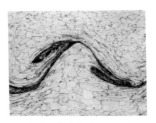 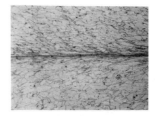

(a) 衝突角度：18.6°　　　（b）衝突角度：26.2°

図3.7　純鉄板の対称衝突における接合界面

界面を示す場合があり，図（b）がその例（衝突角度 $2\gamma = 26.2°$）である．

このように接合界面の波状模様は衝突角度によってその形，特に波の波長と振幅が変化することが知られている．一般に，衝突角度が大きくなるとともに波長と振幅は大きくなり，ついには波状模様が消失して直線状界面になる．後で述べる図3.9にこの関係の一例を示している．

この理由として，式（3.1）から爆速 D が一定であれば，衝突角度 γ が大きくなると，その衝突速度 V_c が次第に遅くなることがわかる．したがって，直線状界面が生成されたのは，衝突速度が遅くなり，かつ波形が非常に大きくなるため，波状界面を生成するためのエネルギー不足によると解釈されている．一方，衝突角度が小さくなると波長は短くなり，ついには非常に乱れた波形を呈するようになる．これは衝突速度が非常に速くなると，衝突点に乱流が発生したためと解釈されている[4]．

接合界面に見られる波状模様は爆発圧着において最も特徴ある現象で，その生成機構は以前からいろいろな理論が提出されている．El-Sobkyはこれらの理論をおおまかにつぎの三つに分類している[5]．

（1）　Jet Indentation Mechanism
（2）　Flow Instability Mechanism
（3）　Vortex Shedding Mechanism

（1）の理論は金属ジェットが母材を掘ったり，こぶを作ったりすることによって波状が生成されるとするものである[6],[7]．

（2）の理論は衝突点から発生した金属ジェットが母材上を通るとき，金属ジェットと母材の流れの方向が異なるため，その接触界面が不安定になり振動が生じ波状界面が生成すると考えたものである[8),9)]．

（3）は多くの人が提案している[10)〜13)]．これは衝突点の後方にカルマンの渦列が生じ，それによって波状界面を生成する理論である．図3.8は流体中に生じたカルマンの渦列である．この形が図3.7で示した同種金属の対称衝突の接合界面の波形によく似ていることから，これを接合界面の波形の解析に応用した．

図3.8 流体中のカルマンの渦列の例

恩澤は一様な流体中に障害物があると，その後の流れに乱れが生じることから，この障害物の大きさと金属ジェットの幅を対応させて次式を導き出した[13)]．

$$\lambda = Ah \cdot C(1-\cos\gamma) : 非対称衝突 \tag{3.7}$$

$$\lambda = Ah \cdot 2C(1-\cos\gamma) : 対称衝突 \tag{3.8}$$

ここで，λ は波の波長，A, C は定数，h は板厚，γ は衝突角度である．

非対称衝突の場合，実測値に適用し補正を行った結果，波長として次式が得られた．

$$\lambda = 11.5 h^{1/2}(1-\cos\gamma) \tag{3.9}$$

図3.9に実測値と式（3.9）による計算値の比較を行った．少しずれているところもあるが，全体的にはよく一致している．

〔5〕 適正接合条件

衝撃波の発生から接合が生じない場合があることを示したが，これ以外にも良好な接合を得られない場合がある．これは爆薬のエネルギー不足のため接合しないとか，逆にエネルギーが過剰で過度の溶融層が生ずる場合などである．

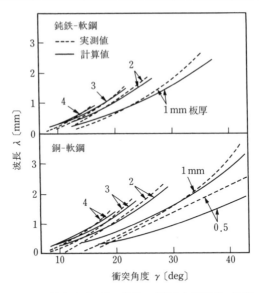

図 3.9 接合界面の波の波長の実測値と計算値の比較

図 3.10 は weldability window と呼ばれ,良好な接合領域を示す衝突速度と衝突角度の関係である[5].それぞれの限界曲線の意味はつぎのとおりである.

cc′ および dd′ は接合界面が波状模様を示す下限と上限角度である.また,波状模様を示す限界衝突速度から求めた下限が ee′ である.ff′ は衝突時のエネルギーから出てくる波状界面の生成限界である.衝撃エネルギーの上限すな

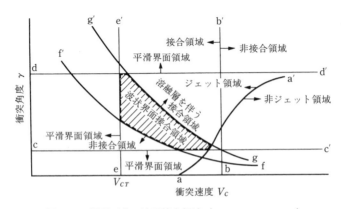

図 3.10 爆発圧着の適正接合領域 (weldability window)

わち接合部に溶融が生じ始める限界から gg′ 曲線が出る．図 3.10 の斜線を引いた領域が適正接合範囲で，実験的にも正しいことが証明されている．

3.2.2 実　　　際

　爆発圧着（explosive cladding, bonding or welding）は，爆発圧接，爆発溶接とも呼ばれるが，これらはみな同意語であり，JIS では，爆発圧着，また英語では，explosive welding と記される場合が多い．JIS G 3601（クラッド鋼の試験方法）によれば，クラッド（clad）とはある金属をほかの金属で全面にわたり被覆し，かつ，その境界面が金属学的に接合したもの，ただし，めっきを除くと規定されている．このように爆発圧着法や圧延法によって，金属学的に接合された金属複合品を，一般にクラッドと称し，その形状も管，板，棒状ものなどがある．また，クラッドは辞書によると，clad：〔古〕clothe の過去・過去分詞とあり，clothe は，着物をきせる，覆う，と記されている．例としては，iron clad vessel：木の船体を鉄板で覆った船，装甲艦などの用語がある．

　金属の接合法には，融接，圧接，ろう接，および機械的な接合法（リベット，ボルト接合など）があるが，爆発圧着は，圧接に分類される．また接合に使用されるエネルギーの種類による分類（電気的エネルギー，化学的エネルギー，機械的エネルギー，超音波エネルギー，光エネルギー）では，化学的エネルギーによる接合として分類される．

　クラッドには，合せ材，母材の組合せで多くの種類があるが，その名称は製造方法，合せ材，母材，形状の順に記され，また呼称される．例えば，アルミニウム板を合せ材として，銅板上に爆着によりクラッドされた板は，爆着アルミニウム・銅クラッド板と記し，また呼称される．しかし，母材が鋼の場合には，爆着チタンクラッド鋼板のように，母材名称を後記することが慣例となっており，単にチタンクラッド鋼とだけ呼ぶ場合も多い．

　爆着クラッド材または爆着した金属の複合材料は，所定の寸法・形状の材料を爆着して製造されるばかりでなく，爆着後，熱間圧延や冷間圧延などの加工工程を経て，各種の形状・寸法，例えば，広幅，長尺，薄板あるいは小径のク

ラッド管など，多くの製品が製作されている．

〔1〕 **製 造 方 法**

図3.11は，爆着クラッドの製造工程の概略を示したものである．合せ材・母材は，それぞれ受入れ後に平坦度，機械的性質の確認を行い，表面を研磨し，合せ材の爆着セット面に保護材を塗布した後，爆着作業場内に運搬される（図3.12参照）．ここで母材，スペーサー，合せ材，爆薬の順に組み立て，場外から電気雷管に通電して爆着を完了させる．完成したクラッドは，超音波探傷によって接合状態を確認し（図3.13参照，JIS G 0601, 3601～3604による），油圧プレスにより曲がり変形を修正する．一方，クラッド端部より試験片を採取し，必要に応じた種々の機械的試験を実施してクラッドとしての品質を確認する（図3.14参照）．また，接合界面に存在する硬化層（数十～数百μm）を除去するために，軟化熱処理（540℃）を実施する．このようにして完成したクラッドは，表面に材質組合せ，寸法などを表示して出荷される．

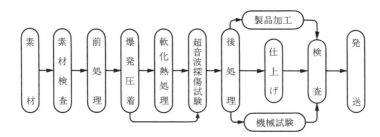

図3.11 製造工程図

図3.12 作業場入口

図3.13 超音波探傷試験

3.2 爆発圧着

図3.14 機械的試験（曲げ試験）

良好な爆着を得るための爆着機構上からの条件としては，理論的に，また経験的に

（1） 衝突点の移動速度 V_c および合せ板の流入速度 V_a がそれぞれ母材および合せ材の音速を超えないこと（**表3.2** 参照）

（2） 合せ板の飛翔速度 V_f により発生する衝突点の圧力が金属に流体的な挙動を与え得る程度のものであること（高強度材料の動的降伏点の数倍以上であること）

などがある．

表3.2 金属内の音速

金属名	金属内の音速 $[\mathrm{m \cdot s^{-1}}]$
アルミニウム	5 370
銅	3 970
マグネシウム	4 490
モリブデン	5 170
ニッケル	4 670
チタン	4 790
ジルコニウム	3 770
亜鉛	3 100
鋼	4 600

爆着クラッドの工業的な製造は，これらの基本的な条件の下で行われ，母材とクラッド材を平行にセットする平行法では，爆薬はクラッド構成材の音速を超えない爆速 $D \fallingdotseq 2\,000 \sim 3\,000\,\mathrm{m/s}$ のものが一般に用いられる．これは，平行法の爆着では衝突点の移動速度 V_c は，爆薬の爆速 D と等しいとみなし得るからである．爆薬量については，合せ材の物性や板厚，合せ材と母材間のセット間隔などを要因とする半経験的な関係式がある[14]．

$$L \propto \frac{\sigma \rho t}{d} \cdot \gamma^2 \tag{3.10}$$

ここで，L：爆発荷重（単位面積当りの爆薬量），σ：合せ材の降伏点，ρ：合せ材の密度，t：合せ材の板厚，d：合せ材と母材との間の間隔，γ：爆着過程中の衝突点での合せ材の衝突角度を示す．

一般に，爆着クラッド材の接合界面は規則的な波状模様を示している．Loyerら[15]は接合波形の波長 λ を，合せ材の板厚 t と衝突点における合せ材と母材の衝突角度 γ とを用いて次式のような実験式を導いた．

$$\lambda = t^{1/2} \cdot \gamma^2 \qquad (3.11)$$

Wylie ら[16] が指摘しているように，波状結合を形成する合せ材の最小の飛翔速度以上においては，合せ材の運動のエネルギーが，結合状態に大きな影響を持ち，ある値以上の運動エネルギーでは，溶融層や金属間化合物が形成され，脆弱な接合となり，場合によっては，反射引張衝撃波による接合面での剥離破壊を起こすことがある．したがって，実際の爆着クラッドの製造では，溶融層や金属間化合物の発生しやすい金属組合せの場合には，これらの発生をできる限り少なくして分散させる方法や，ほかの特別の技法（例えば，中間材の使用）がとられている．

平行法爆着での合せ材と母材間のセット間隔は，合せ材の飛翔速度に影響を与える．合せ材の速度を最大値に加速するために，通常この間隔は合せ材の板厚の 1/2 以上になるようにセットされる．

また，爆着面の金属の表面粗度や汚れは，爆着結果に悪影響を与えるので，グラインダーなどで表面研削して除去する必要がある．一般には，150 μm[17] 以上の仕上げが，高品質の接合部を得るために必要とされている．

〔2〕 特　　　徴

① 同種の金属の接合はもちろんのこと，溶融溶接や拡散溶接の適用が困難である異種金属の接合，例えば，チタンとアルミニウム，鉛と軟鋼，アルミニウムと軟鋼のような，溶融点の非常に異なる，また加熱によりもろい金属間化合物を生成する金属組合せにおいても，高品質の金属学的接合が得られる．**表 3.3** は，爆着クラッドの金属組合せ例を示す．

② 多層複合板も爆着により容易に製造できる．例えば，**図 3.15** の極低温用異材継手としてのアルミニウム合金 / アルミニウム / チタン / ニッケル / ステンレス鋼の 5 層クラッドなどが製作されている．

③ クラッド板は過酷な冷間プレス，あるいはスピニングによる鏡板成形などにも十分耐え得る．溶融層やもろい合金相を含まない正常な爆着状態では，接合界面の引張強さおよびせん断強さは，クラッド構成部材のそれよりも大き

3.2 爆発圧着

表 3.3 爆着クラッドの金属組合せ例

	ジルコニウム	マグネシウム	白金	金	銀	ニオブ	タンタル	ハステロイ	チタン	ニッケル合金	銅合金	アルミニウム	ステンレス鋼	合金鋼	軟鋼
軟鋼	•	•		•	•	•	•		•	•	•	•	•	•	•
合金鋼	•	•				•	•		•	•	•	•	•	•	
ステンレス鋼				•	•	•	•		•	•	•	•			
アルミニウム		•			•	•	•		•	•	•				
銅合金					•	•	•		•	•					
ニッケル合金	•	•	•			•	•		•						
チタン	•	•				•	•								
ハステロイ								•							
タンタル				•		•									
ニオブ			•		•										
銀				•											
金				•											
白金				•											
マグネシウム		•													
ジルコニウム	•														

図 3.15 極低温用異材継手（5層クラッド）

な値を示す．例えば，爆着チタンクラッド鋼では，せん断強さは，350 N·mm^{-2} 以上に達する．**表 3.4** に爆着接合界面のせん断強度例を示す．

78　　　　　　　　　　3. 爆 発 加 工

表3.4　爆着接合界面のせん断強度例

材質組合せ		せん断強さ〔MPa〕(N/mm^2)	
合せ材	母　材	実測値	規格値
ステンレス鋼	炭素鋼	300 ～ 400	Min.200
チタン	炭素鋼	200 ～ 350	Min.140
銅	炭素鋼	150 ～ 200	Min.100
アルミニウム鋼	炭素鋼	300 ～ 400	Min.100
ネーバル黄銅	炭素鋼	200 ～ 250	Min.100
ニッケル合金	炭素鋼	300 ～ 400	Min.200
ニッケル	炭素鋼	300 ～ 350	Min.200
モネル	炭素鋼	300 ～ 400	Min.200
アルミニウム	炭素鋼	50 ～ 100	―

④　爆着クラッドは，圧延により広幅・長尺のクラッドにすることが可能で，ステンレスクラッド鋼，チタンクラッド鋼，銅ステンレスクラッド，銅アルミニウムクラッド管などに適用されており，日本においては実用上それぞれ，6.0 ～ 0.8 mm および φ 100 mm から φ 6 mm までの圧延実績がある．この場合，クラッド比（合せ材・母材の板厚比）は，圧延前後で変わらない．特殊な例として，鉛クラッド鋼を3倍圧延した例がある．

⑤　爆着クラッドは，多品種・少量生産に対応でき，またそのサイズは利用されるクラッド原板および許容される爆薬量によってのみ制限される．商業ベースでは製造設備・運搬上の制約から，通常合せ材の板厚は，1.5 ～ 16 mm，母材の板厚は，8 mm 以上としているが，金属箔どうしの爆着も可能

表3.5　境界部電気抵抗測定例

種　　別		接触抵抗値〔μΩ·cm^{-2}〕	注
重ね合せ継手	Al + Fe	240	測定条件
	Al + Al	610	温度：20℃
	Cu + Cu	10	加圧：9.8 kN·cm^{-2}
爆着クラッドによる異材継手	Al + Fe	0 ～ 0.4	―

である.

⑥ 平板のみならず,棒・管材,鍛造部材のクラッドも可能である.

⑦ 接合界面の電気抵抗は0に等しい(**表3.5**参照).したがって,アルミニウム / 銅の爆着クラッドなどは,ブスバーの導電用異材継手として多用され,電流効率の向上に役立っている.

爆着圧着法および爆着クラッドには,上記のような種々の利点があるが,短所として下記の諸点が挙げられる.

① 爆薬の取扱いおよび貯蔵,防音・防爆構造体・爆薬保管庫の設置に特別の配慮が必要であり,また一般に,任意の爆轟速度を持つ爆薬の入手が困難である.

② 大寸法のクラッド製造では,合せ材の標準幅が,0.9～1.2 m なので大寸法素材の入手に問題があり,爆着の利点を十分に生かすことができず,爆着後の圧延加工などの付加的な工程が必要な場合が多々ある.

③ 爆着クラッドの準備と組立ては,自動製作技術の導入が難しい.

〔3〕 **規 格 ・ 基 準**

クラッド鋼の規格・基準は,一般社団法人日本高圧力技術協会(HPI)で**表3.6**に示す体系に従って,HPIS を制定し,2～3年の運用後,JIS 原案を作成している.

クラッド鋼の規格は,1992 年現在,共通規格として試験方法と用語に関するものがあり,一方,各種クラッド鋼については,材料規格,加工基準および溶接施工方法の確認試験方法が,それぞれ制定あるいは準備中である.体系中で,チタンクラッド鋼は,溶接施工方法の確認試験方法の制定が予定されていないが,これは,チタンクラッド鋼の溶接は,溶融溶接時にもろい金属間化合物が生じるので不可能であり,**図3.16** のような特殊な継手形式を採る必要があるためである.なお,代わりとして,HPIS E-117:チタンクラッド鋼のイナートガスアーク溶接及びライニング作業標準(WES 7602)がある.

クラッド鋼の規格は,JIS,HPIS,WES(日本溶接協会規格)のほかに,米国に ASME,ASTM,西ドイツに AD-Merkblätt W8 がある.

表3.6 クラッド関係規格の体系化と制定の現状

共通一般	JIS G 0601-2012（改）クラッド鋼の試験方法	HPIS A101-1987 クラッド関係用語
合せ材と母材との組合せ 製造方法および用途区分 1種と2種	各種クラッド鋼の溶接施工方法の確認試験方法	各種クラッド鋼の加工基準
JIS G 3601-2012（改）ステンレスクラッド鋼	JIS Z 3043-1990 ステンレスクラッド鋼溶接施工方法の確認試験方法	HPIS D 105-2013 ステンレスクラッド鋼加工基準
JIS G 3602-2012（改）ニッケル及びニッケル合金クラッド鋼	JIS Z 3044-1991 ニッケル及びニッケル合金クラッド鋼溶接施工方法の確認試験方法	HPIS D 115-2015 ニッケル及びニッケル合金クラッド鋼加工基準
JIS G 3603-2012（改）チタンクラッド鋼	HPIS E 117-1986 WES7602 チタンクラッド鋼のイナートガスアーク溶接及びチタンライニング作業標準	HPIS D 116-2006 チタンクラッド鋼加工基準
JIS G 3604-2012（改）銅及び銅合金クラッド鋼	HPIS E 114-1983 銅及び銅合金クラッド鋼溶接施工方法の確認試験方法	HPIS D 113-2009 銅及び銅合金クラッド鋼加工基準
HPIS B111-1991（改）薄板ステンレスクラッド鋼板及び鋼帯	薄板ステンレスクラッド鋼溶接施工方法の確認試験方法（未）	薄板ステンレスクラッド鋼加工基準（未）

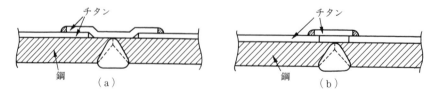

図3.16 チタンクラッド鋼の溶接継手

クラッド鋼の品質基準の一つである「せん断強さ試験値，接合状態」について**表3.7**にまとめて示す．

表3.7 各種クラッド鋼のせん断強さ試験値と接合状態

規格番号	クラッド鋼の名称	せん断強さ試験値 $[N \cdot mm^{-2}]$	超音波探傷試験による接合状態等級分類（非接合部について規定）					
			F			S		
			長さ[*1] [mm]	面積[*1] [cm^2]	面積比率[*2] [%]	長さ[*1] [mm]	面積[*1] [cm^2]	面積比率[*2] [%]
JIS G 3601	ステンレスクラッド鋼	200以上	50以下	20以下	1.5以下	75以下	45以下	5以下
JIS G 3602	ニッケル及びニッケル合金クラッド鋼	200以上	50以下	20以下	1.5以下	75以下	45以下	5以下
JIS G 3603	チタンクラッド鋼	140以上	75以下	45以下	2.0以下	規格なし	60以下	5以下
JIS G 3604	銅及び銅合金クラッド鋼	100以上	50以下	20以下	1.2以下	75以下	45以下	5以下

〔注〕 *1 非接合部1個についての規定
 *2 クラッド鋼の全面積に対する非接合部の合計面積比率
〔備考〕 1. 上表の規定は，肉盛クラッド鋼以外のクラッド鋼に適用される．
 2. 探傷範囲については，Fの場合は全面探傷とし，Sの場合は200mmピッチの格子線上の探傷と，周辺部50mm幅または開先予定線を中心に両側25mmの連続探傷とする．

3.2.3 クラッドの利用例

生産されるクラッドの大半は，鋼を母材とし，合せ材にステンレス鋼，ニッケル，チタン，ジルコニウムなどの耐食材料を使用した耐食性用クラッド鋼である．これらは化学工業，原子力・火力発電プラント，海水淡水化設備，地熱発電設備などの圧力容器，反応槽，熱交換器などに広く使用されている．

ステンレス鋼/軟鋼/ステンレス鋼から構成される薄板3層クラッド鋼は，熱伝導性が良好で，また成形時のスプリングバックがステンレス鋼単体の場合に比べて少ないことから，鍋材（**図3.17**参照）などに使用されている．

図3.17 爆発圧着クラッドを使用した鍋

異材溶接用のトランジション継手として，アルミニウムと鋼あるいは銅との組合せのものが多く使用されている．例えば，船舶用トランジション継手は，護衛艦，LNG タンカー，漁船など種々の船舶のアルミニウム上部構造物やアルミニウム製タンクを鋼製の船体へ溶接接合するためのトランジション継手として広く使用されている．従来これらの部材の接合は，ボルトあるいはリベット接合により行われていたが，構造上あるいは強度上の問題はもちろんのこと，鋼とアルミニウムの接触部の電解腐食の発生もあり，施工・保守・信頼性などに多くの問題点があったが，爆着クラッドのトランジション継手を挿入することで同材どうしの溶融溶接が可能となり，上記のような問題点はすべて解決されている．

以下，現用の爆着クラッドによるトランジション継手例を示す．

船舶用トランジション継手（図 3.18，図 3.19 参照）　Al 合金 /Al/ 鋼

船舶用トランジション継手　　　　　　　　　　　　　Al 合金 /Ti/ 鋼

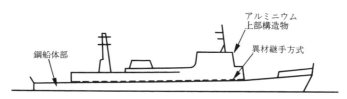

図 3.18　アルミニウム船舶用トランジション継手[18]

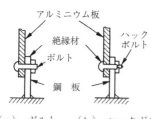

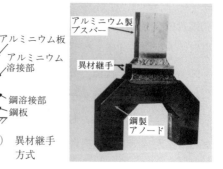

図 3.19　船舶用異材継手（トランジション継手）の使用箇所例[19]

図 3.20　アルミニウム–鋼の接続方式

3.2 爆発圧着

船舶用トランジション継手	Al 合金/Ti/Ni/SUS
Al 電煉用トランジション継手（**図 3.20** 参照）	Al/銅
冷凍器配管用トランジション継手	Al/銅（パイプ）
冷蔵庫配管用トランジション継手（**図 3.21** 参照）	Al/銅（パイプ）
導電用トランジション継手（**図 3.22** 参照）	Al/銅
極低温配管用トランジション継手（図 3.15 参照）	Al 合金/Al/Ti/Ni/SUS
極低温配管用トランジション継手	Al 合金/Ag/SUS

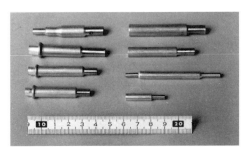 

図 3.21 冷蔵庫配管用 Al/Cu トランジション継手　　**図 3.22** 導電用 Al/Cu トランジション継手

3.2.4 管の接合

〔1〕 管や丸棒のクラッドおよびトランジション継手管

管どうし，ないしは中空・中実円筒の内外面へのクラッドは，爆着される両部材をある間隔をおいて同心円状にセットし，爆轟圧力により両部材の内外面を衝突させて全面爆着することにより製作される．**図 3.23** は，これらの爆着圧着法の概略を示す．爆薬を内管内面に装薬して内管を外管に向かって爆着する内部装薬法，爆薬を外管表面上に装薬して外管を内管または中実丸棒の表面に対して爆着する外部装薬法，および外管の表面と内管内面の両方に装薬して同時爆着を内外装薬法のいずれかが採用される．

使用される爆薬は，いずれの方法においても板の爆着と同様な平行配置による爆着であるので，構成管金属の音速を超えない低爆速爆薬（爆速 1 500 m/s

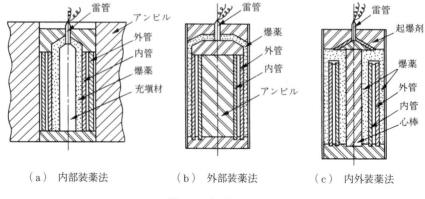

(a) 内部装薬法　　　(b) 外部装薬法　　　(c) 内外装薬法

図 3.23　爆着圧着法

$<D<5\,000\,\mathrm{m/s}$) が用いられる．しかし，管の拡管あるいは縮小変形に要するエネルギーは，平板の場合に比べて大きいので，必要な衝突速度を得るためには，爆薬荷重は平板の場合より多少大きくする必要がある．

　また，衝突を受ける管の質量が大で，それ自体がアンビルとなる場合を除いて，内部装薬法では，膨出変形防止用のアンビルが必要である．外部装薬法では，内管の圧潰防止のための心材を用いる．この心材は，爆着後容易に除却し得ることが必要であり，低融点の合金か，木材，液体[20]あるいは湿った砂などが使用されている．これに対し，内外装薬法では，膨出ないしは圧潰防止用のアンビルは必要としないが，内外の爆薬の爆発荷重が等しく，かつそれぞれの爆轟波面が爆着中の管のどの位置においても合致することが必要となる．したがって，管の長さが大きくなり，また内管の内径が小さくて爆発荷重の調整に制約を生ずる場合には，その適用は難しくなる．しかし，管長があまり長くなく，かつ内管の径があまり小さくない場合は，実用可能である[21]．

　応用分野として Al 管と Cu 管の接合のためのトランジション継手がある．これはクラッド管の一端で Cu 管部を，他端では Al 管部を切削除去して製作されるか，あるいは図 3.24 に示すようにそれぞれの管

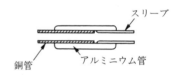

図 3.24　Al / Cu 爆着トランジション継手[22]（旭化成株式会社）

端が突出するようにずらしてセットし,重なり部分を爆着して製作する.多くの場合,爆着後,抽伸して所定の寸法に仕上げる.図3.21に製品例[22]を示す.

〔2〕 管の端部接合

管の端部どうしの爆着技術は,欧米において開発提案[23)~26)]されているが,現地施工が主体となるこの爆着は,騒音公害などのためにあまり実用されていないようである.特に日本においてはその実用例はない.しかし,これらの制約のない所では,この技術の積極的な適用が考えられており,現に英国の北海油田のパイプラインにおいて実際に使用されている.これまでに開発提案され,実験的にあるいは実際に使用されている方法にはつぎのようなものがある.

（a） **スリーブによる管の接合** 管端の突合せ部にスリーブを外挿して,それぞれの管の端部をスリーブに爆着して両管の接合を得る方法で,爆着クラッド管の製作の場合と同様に,内部装薬法あるいは外部装薬法によって爆着される.**図3.25**は,Chadwickら[26)]の開発した内部装薬法を示す.図（a）はスリーブに管表面と斜めの角度を持つ溝を切削したもので,接合金属の音速以上の高爆速爆薬および音速以下の低爆速爆薬のいずれでも使用し得る.図（b）はスリーブ内面に,管表面と平行な溝を設けたもので,低爆速爆薬が用いられる.図（c）は,比較的大径の管（直径89 mmの接合用に開発されたもの）で,装薬の低爆速爆薬を管の全周にわたり同時爆発させるために,円板状の高爆速爆薬を起爆剤として使用する工夫がなされている.

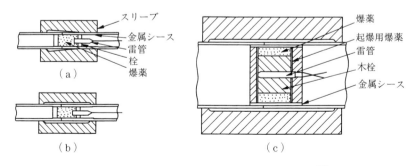

図3.25 内部装薬法によるスリーブと管の爆着法[26)]

内部装薬法による爆着での留意点としては

① 爆着過程中，管の突合せ間隙から爆発生成物がスリーブの溝に侵入し，正常な爆着を妨げる可能性があること．このために装薬のカートリッジには，合成樹脂製品を使用することを避け，突合せ端の間隙のシースとバッファーを兼ねたステンレス鋼，軟鋼あるいは Al のシートが使用される

② スリーブか，それ自体がアンビルとなるときは，爆着後の変形を許容値に抑え，またスリーブの外面からの反射引張波による破壊を防止するために，その厚さは管の肉厚の 7 倍程度（鋼管の場合）を必要とする

③ スリーブの先端近傍での管の膨出を防止するように，スリーブ長さを長くとるか，あるいはその他の防止対策が必要であること

などが指摘されている．

これに対して，スリーブを管に向かって爆着する外部装薬法も開発されている．**図 3.26** は，Howell ら[27]の方法を示す．図（a）は両側に傾斜を付けたスリーブの表面に，図のように爆薬をセットして，その中心線上で全周にわたって同時起爆を行う方式のもので，パイプの圧潰防止には，管内に挿入したマンドレルを使用する．全周同時起爆とスリーブの接合面の傾斜加工は，一点起爆時に見られる爆轟波の重合による損傷と接合界面でのジェットの捕捉を避けるための工夫である．図（b）は，平行法による爆着法を示したもので，爆薬には低爆速爆薬が使用される．これらの外部装薬による爆着では，マンドレルの寿命と内部装薬法に比べて騒音が大きく，その防止が大きな問題となる．

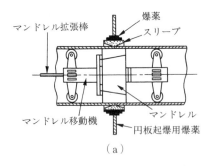
(a)

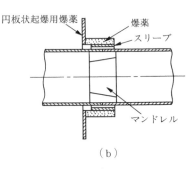
(b)

図 3.26 外部装薬法によるスリーブと管の爆着法[27]

3.2 爆発圧着

(b) **管端での重ね合せによる接合**　図 3.27 は，管端での重ね合せ爆着継手例を示す．図（a）は，両管の接合端にテーパーを取って重ね，爆着はこのテーパー面で行われる．図（b）は，異径管を用いて重ね部を爆着するもので，所定の径の管のトランジション継手として使用される．図（c）は，Chadwick ら[26]が，直径 203 mm の鋼管に用いた爆着継手を示す．図（d）[17]は，一方の管端を拡管して，有角法的な方法で，両面から爆着する方法を示したものである．

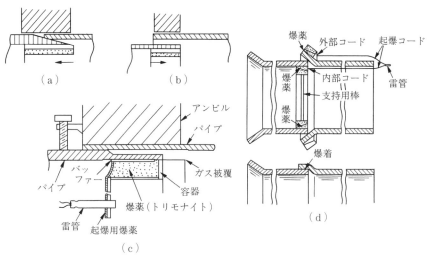

(a), (b) Carlson and Simons[28], (c) Chadwick and Evans[26],
(d) ASM Committee on Explosive Welding[17]

図 3.27　管端での重ね合せ爆着継手例

[3] **管と管板の爆発圧着とプラッギング**

熱交換器などの管と管板の爆発圧着は，1967 年，Crossland ら[29]によって論文が発表されて以来，各種の方法が開発され，欧米においてすでに実用に供されている．

この場合，従来の機械的な拡管法や溶融溶接による方法に比べて，管と管板との間に，強度と気密性に優れた完全な金属学的結合が得られ，また爆着部の

非破壊検査が容易であること，同時にまた溶融溶接では，接合困難な材料の組合せ，例えば，Ti／鋼のようなもろい金属間化合物を生成するような材料の組合せでも爆着可能である．

図3.28は，爆発拡管溶接法の代表例を示したものである．図（a）は，Crossland ら[29]の平行設置法を示し，管および管板材料の音速より遅い低爆速の爆薬を使用する．図（b）は，YIM pack法[30]（Yorkshire Imperial Metal Co.の特許）を示したもので，管孔に傾斜を付け（有角法）高爆速爆薬が使用される．小径の管では，起爆雷管のみで爆着される．管孔の傾斜角は，一般に

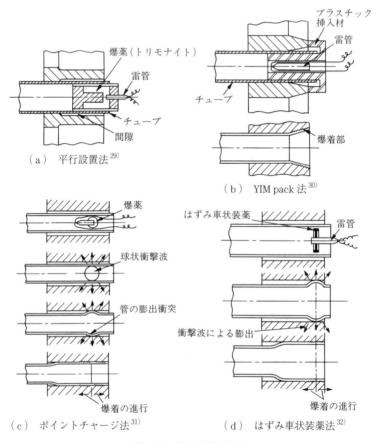

図3.28　爆発拡管溶接法

10°～20°がとられ，爆着後はベル状の管口形状となる．

図（c）は，Bahraniらのポイントチャージ法[31]を示す．この方法では，管と管板孔への設置は平行爆着形態をとるが，高爆速爆薬を所定の局部的な位置にのみ設置する．起爆によって管は，図のように球面状に膨出して管孔壁に衝突する．爆薬の直下の部分では，管孔壁に対し垂直に衝突するので，爆着は得られないが，その面の両側では，ジェット発生に必要な衝突角度が得られて爆着が起こる．したがって，爆着部は，爆薬の設置場所直下の不爆着部を挟んで，前後2箇所に発生する．

図（d）は，Crosslandらによるはずみ車状装薬法[32]を示す．管径が大きくなると，ポイントチャージ法では薬量が不足して満足な衝突角度が得にくくなるので，高爆速爆薬を図のようにはずみ車状に配置したもので，爆着部はポイントチャージ法と同様に，爆薬直下の部分を挟んだ2箇所で得られる．

図 3.29 は，日本溶接協会 化学機械溶接研究委員会 爆発拡管小委員会[33],[34]で，2¼Cr-1Mo鋼，管板と管の接合に対する爆発拡管溶接の適用性を検討したときに，標準爆発拡管溶接法として採用したもので，ポイントチャージ法と同様に管板表面近傍を含む2箇所で爆着が得られる．

以上に述べたいずれの方法においても，満足な爆着が得られることが報告されているが，爆発拡管溶接の留意点としては

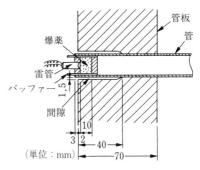

図 3.29 日本溶接協会 化学機械溶接研究委員会 爆発拡管小委員会の爆発拡管溶接法[33],[34]

① 管と管孔壁は，管板表面までが全周にわたって均一な爆着が得られ，十分な強度と気密・水密性を持つ．このためには爆薬の均一な配置はもちろん，管は管孔に対して偏心のないようにセットする工夫が必要である．また爆着長さ L は，$L \geq \sigma/\tau \cdot t$（$t$：管の肉厚，$\sigma$：管の引張強さ，$\tau$：管または管板のせん断強さ）であることが必要であり，実際には，$L \geq 4t$[26] が考

えられているようである．なお，管板表面部で不爆着部を残すことは，隙間腐食の観点から絶対に避けなければならない．

② 管板裏面部での管の膨出を防止すること．管の肉厚が薄いとき，あるいは管板の厚さが小さければ，爆着後，管板裏面近傍で管の膨出が発生する．Crossland は，管の膨出を防止するためには，管の肉厚／管板の厚さの比が 0.5 以下であるべきだと主張しているが，膨出が懸念される場合は，その部分での爆発圧力緩和あるいは変形防止のための対策が必要となる．

③ 爆着孔に隣接する管孔の変形とリガメント厚さの減少．装薬量が過大であるか，管孔間のピッチが小なる場合，爆着孔に隣接する管孔が，特に管板の半径方向に圧縮変形を受け，その管孔の爆着が不可能になることがある．また同時に管板間のリガメント厚さが減少して，基準値を満足しなくなる可能性がある．これらの現象については，種々の有用な研究報告[20),22),35)〜37)]がなされているが，実用的には，変形を許容値内に収めるために，変形防止栓を隣接孔に挿入する場合が多い．図 3.30[22)] は，変形防止栓の一例を示したものである．

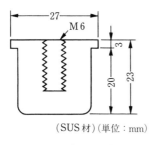

図 3.30 変形防止栓例
(旭化成株式会社)[22)]

④ 爆着が行われる管板孔壁および管の表面は，グラインダーなどにより研磨し，脱脂剤により清浄しなければならない．面上に汚れが存在し，また表面粗度が大きいときは，満足な爆着を得るのに，より多くの爆薬が必要となり，それに伴う変形その他の難点が生ずる．一般にクラッド鋼などの爆着では，表面仕上げは 3.75 μm 以上が必要であるとされているが，管と管板の爆発拡管溶接では，1 μm まで研磨することが好ましい．

⑤ 多数の管を同時爆着することは可能であるが，この場合は，雷管コードを等長にして，同一の発破器に結線して，厳密な起爆の同期に留意しなければならない．また連続した隣接孔の同時爆着では，互いの管孔からの反射引張衝撃波の重合によって，管板に割れを生ずる可能性があるので，同

時爆着を行う場合は、とびとびの管孔について行うことが良策である。しかし、多管の同時爆着では、騒音問題や結線ミスの発生などが考えられるので、作業能率を別とすれば単孔を順次爆着する方が好ましい。

熱交換器などの管が破損してリークなどを起こした場合、新しい管と取り替える代わりに、その管孔にプラグを挿入して密封する方法が採用されることが多い。このプラッギング法には、従来、プラグの機械的な接合や溶融溶接による方法がとられているが、爆着によるプラッギング方法が開発され、欧米ではすでに実用化されている。その爆着技法は、管と管孔の爆発拡管法と基本的には同じ方法がとられている。

図3.31は、Crosslandら[32]が開発したプラッギング法を示したものである。プラグは、爆発による破損を防止するため、底の厚い球根状のものが使用され、またプラグの上部側壁は、爆着のための平行間隔を得るために薄く加工されている。プラグの爆着は、爆薬直下の不爆着部の前後2箇所で発生する。Crosslandらは、この方法をステンレス鋼製のガス冷却反応装置の再熱器の入口と出口の管のプラッギングに使用し、満足な結果が得られたことを報告している。

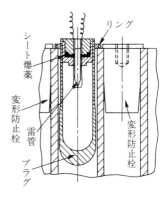

図3.31 はずみ車状装薬によるプラッギング法[32]

図3.32は、Bahraniら[31]が、U. K. プロトタイプの高速反応炉のステンレス鋼の再熱および過熱熱交換器の管のプラッギングに使用した方法を示す。プラグは、前述のCrosslandが使用したものと同様の形状であるが、装薬は低爆速の爆薬と起爆雷管により構成される。

図3.33は、Hardwick[38]のプラッギング法を示したもので、加工に工数を要する管板孔の傾斜角加工の代わりに、型曲げによりプラグ端部を成形して、初期設置角度を設けたものである。

以上に述べたいずれの爆発プラッギング法も、施行操作が簡単であり、信頼

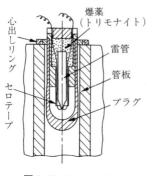
図 3.32 Bahrani らのプラッギング法[31]

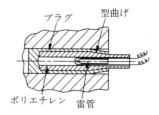
図 3.33 プラグ型曲げ加工によるプラッギング法[38]

性のある爆着部が得られ,また遠隔操作も容易であるので,長期の接近作業が危険な原子力発電プラントの熱交換器などの管のプラッギングに積極的に採用されている.

3.2.5 爆発圧着の新しい展開

爆発圧着はほぼ完成された技術として異種金属接合法として確固たる地位を築いている.しかしながら,難接合の材料組合せはいくつかあり,例えば融点の低い材料の接合は,溶融や反応層を形成しやすく接合が難しい.一方で,高融点材料や硬脆な材料も材料中に欠陥を生じやすく接合が難しい.これを解決する手段として,水中衝撃波を利用する爆発圧着法が提案され,金属とセラミックス[39],超急冷金属箔[40),41],タングステン薄板[42],マグネシウム合金[43]などに成果が上がりつつある.水中衝撃波を利用する方法は比較的薄板の金属を安定に高速加速できるとともに,薄板をきれいな表面状態のまま接合可能である.薄板の場合,複数の薄板を重ねて接合することができるため[44],大面積の接合も可能である.

上記とは別に,厚肉管に充填剤を詰めた細管を多数装填して周囲から爆薬の爆発圧力を作用させて均一な断面組織を有する多孔質材料を得る方法も開発されている[45].異方性を持ったエネルギー吸収特性を持つ材料と期待されている一方で,長尺のロッドの製造も可能であるため,熱交換器や蓄熱装置として

の応用も検討されている[46].

3.3 爆 発 成 形

3.3.1 理　　　論

　爆発成形は火薬類の爆発エネルギーを利用して金属板や金属管を所望の形状に成形する加工法である．通常は爆薬を水中で爆発させ，爆発エネルギーを水圧エネルギーに変換して試料に作用させる方法（間接法）で行われるが，爆発エネルギーを試料に直接作用させる方法（直接法）もある．図3.34は板を成形する場合の爆発成形法の基本的な構成を示している．型の上に試料を置き，試料と型の間の空間を気密にした状態で水中に沈め，試料から適当な間隔をおいて水中に爆薬を配置する．変形速度が速いため，試料と型との間の空間に空気が残存していると，その空気は逃げ場を失い，断熱圧縮されて高圧となり変形を阻害するので，その空間はあらかじめ真空にしておかなければならない．起爆すると水中衝撃波が発生し，それが試料の板面に達する．

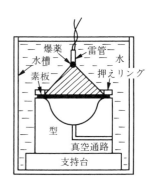

図3.34 爆発成形法の基本的構成

　当初試料が圧力作用を受ける水中衝撃波はきわめてピーク値が高く，継続時間の短いパルスである．したがって，試料に対しては瞬間的に下方への変位速度を与えるような作用となる．その後圧力が急激に降下するので，水の粒子速度が板の変位速度に追随できなくなり，試料の板面上にキャビテーションが発生する．その後キャビテーション部からの希薄波が高圧ガス部に達すると，ガスの膨張運動を促進し，やがてキャビテーション部に水が高速度で流入する．そのために試料は水撃作用を受け，それによって試料の変形は再び促進される．試料の成形は，このように最初の水中衝撃波と後続のガス膨張運動に伴う水撃作用の2段階でなされると概略的に考えてよいが，いずれが大きく寄与す

るかは，試料の大きさに対する爆薬と試料の間隔，水頭，容器の直径などの因子による．爆薬が離れている場合，水頭が小さい場合，容器の直径が小さい場合にはいずれも後者の作用は小さくなる．

概略的にいえば，成形のために寄与するエネルギー E_p は，図3.34の斜線を施した領域内に限られるが，エネルギー効率を考慮して次式が求められている．

$$E_p = \frac{1}{2}\eta_1(1-\cos\phi)W_e \tag{3.12}$$

ここで，W は爆薬の質量，e は爆薬単位質量当りのエネルギー発生量であり，エネルギー効率 η_1 は Alting によって次式のように求められている[47]．

$$\begin{aligned}\frac{1}{\eta_1} &= 4.23 - 3.7\left(\frac{L}{D}\right) & \left(\frac{L}{D} \leqq 0.5 \text{ に対して}\right) \\ \frac{1}{\eta_1} &= 4.02 - 2.83\left(\frac{L}{D}\right) & \left(\frac{L}{D} \leqq 1.0 \text{ に対して}\right)\end{aligned} \tag{3.13}$$

水中衝撃波を受けた金属板の変形機構は通常の液圧バルジの変形機構とは著しく異なる．**図 3.35**（a）は一様な衝撃圧を受けた金属素板の変形過程を示し，同図（b）は衝撃圧に圧力勾配のある場合の変形過程を示している[48]．一様な衝撃圧を受けると，素板はほとんど瞬間的に y 方向の変位初速度を与えられる．そうすると，素板をクランプしている周辺部で変位が阻止されるので，その部分に塑性ヒンジが発生する．塑性ヒンジが通過した後には材料は硬

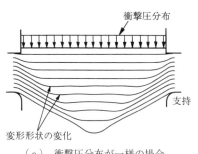
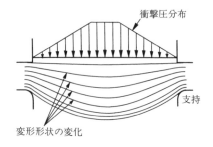

（a） 衝撃圧分布が一様の場合　　（b） 衝撃圧分布が勾配を有している場合

図 3.35　衝撃圧分布と変形過程[48]

化して，変位はそれ以上進行しないのに対して，塑性ヒンジの内部では塑性曲げにより，内部の金属は外方へ引っ張られるために，次第に薄くなる．同時に，塑性ヒンジは内方へ次第に移動し，やがて中央部に達して，全体の変形を終了する．

塑性ヒンジに先行して弾性曲げ波が伝播する．弾性曲げ波は中央で重なって，そこに大きなへこみを形成しながら変形が進行する．これに対して，圧力勾配のある場合には，圧力勾配に対応した変位初速度勾配が与えられる．そのために周辺部では変形傾斜角が次第に増大し，中心部では変形抵抗のために丸味のある形状が形成され，それらが滑らかにつながるために全体に丸味を帯びつつ次第に膨らむ変形過程をたどる．この場合には中央部にへこみを生じることはない．型を用いて成形する場合，型との衝突直前の成形姿勢が形状精度の重要な因子となるが，へこみを有したまま型に衝突するとへこみ部は成形不十分ないし成形不良となる可能性があるので，注意しなければならない．

板の成形に要するエネルギーは，最終的な変形形状までの塑性仕事によって見積もることができる．概略的には全体が一様に板厚減少を生じるとして見積りがなされる．いま，$\sigma = K\varepsilon^n$ の塑性曲線を持つ板厚 h_0 の円板が図 3.35 のようなドーム状に膨らんだとすると，塑性仕事量 V_D は次式によって概略的に見積もることができる [49]．

$$V_D = \frac{\pi}{4} D^2 h_0 \frac{K}{n+1} \left[\ln \left\{ 1 + 4 \left(\frac{W}{D} \right)^2 \right\} \right]^{n+1} \tag{3.14}$$

大型部品の爆発成形を行う場合，あらかじめ小さい寸法でモデル実験を行い，これをスケールアップするという方法が採られる [50]．その際，爆薬の種類，素板および型の材料は同一にされる．そして，型開口部や型の曲率半径など型に関連した寸法，素板の直径や板厚など素板の形状に関連した寸法，水圧容器の直径や水頭など水圧容器の形状に関連した寸法，さらに爆薬の形状に関連した寸法および爆薬と素板との間隔など，爆発成形を構成するパラメーターのすべてに関して幾何学的相似性を与えなければならない．いま，型開口部の直径を D，その他の構成要素の諸寸法を L_i とし，モデル実験の場合を m，実

物製作の場合を p の添字を付して表すと，上記相似則は次式のように書くことができる．

$$n_1 = \frac{D_p}{D_m} = \frac{L_{ip}}{L_{im}} \tag{3.15}$$

使用する爆薬の質量 M_E については，塑性仕事が素板の体積に比例するという前提，しわ押え力 F については圧力を同一にするという前提で相似則を適用する．

$$\frac{M_{Ep}}{M_{Em}} = n_1^{\,3} \tag{3.16}$$

$$\frac{F_p}{F_m} = n_1^{\,2} \tag{3.17}$$

このような条件下で，相似則を適用して，実物製作を行えば，成形量（例えば成形深さ）w について

$$\frac{w_p}{w_m} = n_1 \tag{3.18}$$

の相似性を実現することができる．

3.3.2 設備と実際

爆発成形は，薬量を増加することによっていくらでもエネルギーを増大できるので，基本的にはどのような大容量の成形にも対応できるが，実際には爆発騒音や地盤振動の問題，容器や型などの強度の問題があるために制約される．そのほか，爆発成形用設備として，型や試料の搬入・搬出のための走行クレーン，凹面型内の空気を排除するための真空ポンプが必要不可欠である．また寒冷地で爆発成形を行う場合には，型や試料が脆弱になるのを防止するために，水温を適当に上昇させることが必要となることもある．

3.3.3 各種の工夫と利用例

爆発成形は爆薬の水中爆発によって水圧を発生させるので，ほかの方法と異

3.3 爆 発 成 形　　　　97

なってさまざまな工夫が可能である．そのような工夫を施すことによって，成形性を高めたり，効率良く製作したりすることができる．図3.36は溶接によってあらかじめ円錐台殻状に組み立てた部品を爆発成形によって半球殻ドームに成形しようとする装置である[51]．この方法では溶接部が型と接するために，この部分の変形を小さくできるのが要点であり，この方法で直径3mの半球殻ドームが製作された．

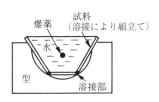

図3.36　大型半球殻ドームの成形[51]

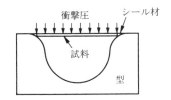

図3.37　gather forming 法[52]

図3.37はgather forming法と呼ばれている工法の装置図である[52]．型の最上部に置かれた円形板は，上面で衝撃圧を受けると下方へ膨らむと同時に外周部が型の斜面に沿ってすべり落ち成形される．試料の板厚 t と開口部の直径 D の比を $t/D > 1/40$ に選べば，外周部にしわは生じない．この方法では外周部がクランプされていないので，張出し変形に伴う引張応力は緩和されており，外周部がすべり落ちる際，円周方向の圧縮応力を生じ，それによって膨らみが促進されるので，延性の小さい高張力鋼板のバルジ成形などに適している．

図3.38は成形補助板を用いる爆発成形法の装置図である[53]．この方法では，型室を覆うために成形補助板を用いるので，試料の板は成形に必要な最小面積

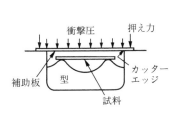

図3.38　成形補助板を用いる爆発成形法の装置図[53]

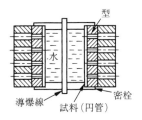

図3.39　パイプ側壁多数孔の同時打抜き[54]

に切り取って型の上に置く．成形しようとする試料はすでにある程度加工されたものでよく，同じやり方で数段階に分けて加工することも可能である．成形の過程では補助板は試料の板を型に押し付ける働きをなすので，精密成形性も高められる．この方法は高価な材料を精密に成形するような場合に適しており，金属義歯床の成形に利用された．

　管材に多数の孔をあける加工に爆発成形が利用される．図3.39はそのための装置である[54]．中心軸に配した導爆線が爆発すると，周囲の水中に衝撃波を発生し，その圧力ですべての孔が一挙に打ち抜かれる．この方法は，消音器など多数の孔を管材にあける必要がある場合に非常に有効である．

　図3.40は，「手のひら」を爆発成形法で銅板上に転写した作品である．手のひら独特の細かいしわ模様が，精密に転写されている．特に各指の指紋が鮮明に転写されているのが興味深い．爆発成形法では試料の変位速度が速く，軟らかく破れやすい木の葉などを型として用いることができるのが大きな特徴で，高い圧縮応力が作用するため，軟らかい材料でも型として十分に機能する．これら以外でも，布地や砂，細かい糸なども，爆発成形法を利用して美術的な作品を作る上で特徴的な効果を生み出すことが可能である．

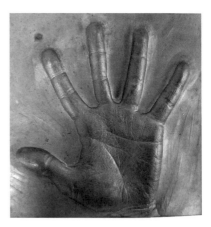

図3.40　爆発成形法で作られた「手のひら」

3.4　爆発硬化

3.4.1　理論

　金属の表面にシート状の高性能爆薬を貼り付けて起爆させると，爆轟時に発生する衝撃波の作用を受けて加工硬化する．これを爆発硬化といい，特に高マ

3.4 爆発硬化

ンガンオーステナイト鋼で顕著である.

高マンガンオーステナイト鋼はオーステナイト本来の靭性に加えて、外部衝撃を受けると硬化して耐摩耗性を増すので、鉄道用分岐器、ブルトーザーつめ、クラッシャー部品などの材料として用いられている. 特に爆発硬化処理を施したものは初期摩耗が減じ耐久性が著しく向上する.

ハッドフィールド組成 (11〜14%Mn, 0.9〜1.2%C) の高マンガンオーステナイト鋼の爆発硬化材および同程度に硬化させた落錘衝撃硬化材の電子顕微鏡組織を**図3.41**に示す[55]. 硬化した高マンガン鋼の特徴は図(b)の爆発硬化材のような組織の三角溝を通る面のε相の薄層の存在である[56),57]. 同材から作成した薄膜による透過電子顕微鏡組織を**図3.42**に示す[55),58]. 図 (a-1),(b-2) とも硬化した表層部の組織で、変形双晶と推測される. 硬さの低い内

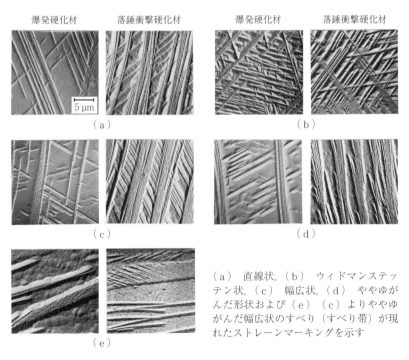

(a) 直線状, (b) ウィドマンステッテン状, (c) 幅広状, (d) ややゆがんだ形状および (e) (c) よりややゆがんだ幅広状のすべり(すべり帯)が現れたストレーンマーキングを示す

図3.41 高マンガン鋼爆発硬化材と落錘衝撃硬化材の組織
(二段カーボンレプリカ法電子顕微鏡)

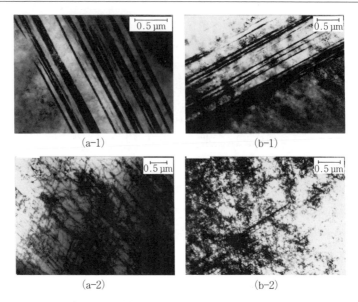

図 3.42 高マンガン鋼爆発硬化材・落錘衝撃硬化材の透過電顕組織
(a-1, a-2…爆発硬化材, b-1, b-2…落錘衝撃硬化材)

層部は，図 (a-2)，(b-2) に示すように，絡み合った転位群のみである．

高マンガン鋼の加工硬化[56]~[63]については，マルテンサイト変態説，変形双晶生成説，ε 相変態説，積層欠陥生成説などがあるが，現象が複雑でいまだ定説はない．

3.4.2 実際と利用例
〔1〕方　　　法

爆発硬化作業は，素材受入検査（外観・硬化部寸法など）→硬化部マーキング→シート爆薬貼付け（硬化部形状に合わせて爆薬を切断し，グルーを用いて貼り付ける）→作業場内で爆発硬化→製品検査（外観検査，表面硬度測定）の順序で行われる．爆薬はシート状（厚さ 3 mm）の PETN を主体とする高性能爆薬で，加工ひずみを低減させるために 1 回で強加工せず 2 回に分けて加工し，ブリネル硬さ 280 以上の表面硬さを得ることを目標としている．

〔2〕 **鉄道用分岐器への適用例**

　米国やオーストラリアの鉄道では，鉱石や穀物など重量物を運搬することが多く，分岐器にかかる衝撃力が大きく損耗が激しいので，爆発硬化処理された分岐器が広く使用されている．わが国でも，1980年に上越線越後湯沢駅構内に第1号が敷設され[64]，さらに近年，年間通トン数の高い東海道・山陽線数箇所に敷設されている．

〔3〕 **爆発硬化高マンガン鋼の諸特性**

　爆発硬化によって高い表面硬さと深い硬化層が得られ，さらに引張強さを増し伸びは多少減ずるが，衝撃タイプの摩耗抵抗を増す．また高い圧力を受けた表面は，くぼみを生ずるが，適切な設計と加工技術の制御によって，爆発加工面は機械加工を要しない程度に仕上げることができる[65]．

　爆発硬化層の硬さ分布の2例を**図3.43**，**図3.44**に示す．図3.43はレール頭頂部の形状に似た試験片の測定結果で，爆発硬化回数が多いほど表面硬さが高く硬化層も深い．併記した18年間使用した従来の高マンガンレール[67]と比較すると爆発硬化の特徴がわかる．図3.44は分岐器のノーズレールと同形

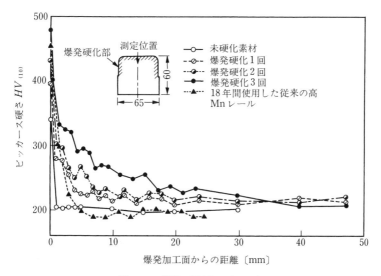

図3.43 爆発硬化層の硬さ分布

102   3. 爆 発 加 工

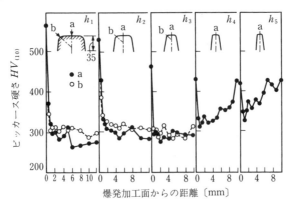

図3.44 ノーズレールと同形試験片の各部断面の硬さ分布

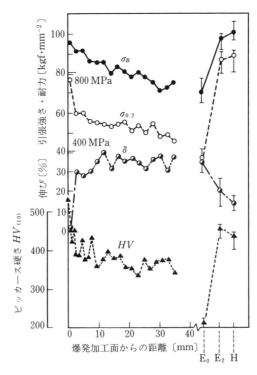

図3.45 爆発硬化高マンガン鋼の強さ（E_0：素材，E_2：両面同時2回爆発硬化材，H：落錘衝撃硬化材）

のテーパー付きブロックの測定結果で，爆薬は頭頂面に逆U字形にセットされて爆発硬化されているので，先端部になるほど上面よりも両側面からの爆発衝撃が効くことになり，表面硬さは先端部に向かって低く逆に内層部の硬さが高くなっている．このように素材形状寸法，爆薬量，爆薬セット方法，衝撃回数が異なると，表面硬さ，硬さこう配，硬化深さが異なるので，部材の要求に適合する加工条件の選定が重要である．

爆発硬化材の引張試験とシャルピー衝撃試験の結果を図 3.45，図 3.46 に示す．図 3.45 は爆発硬化部から切り出した板厚 1 mm の引張試験片 16 本の試験結果で，素材，両面同時 2 回爆発硬化材，落錘衝撃硬化材の結果を併記した．

図から引張強さ σ_B，耐力 $\sigma_{0.2}$ は硬さ HV に比例し，伸び δ は反比例するこ

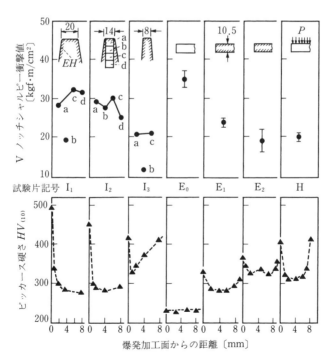

図 3.46 爆発硬化高マンガン鋼の靭性（$I_1 \sim I_3$：テーパー付きブロックの爆発硬化材，E_0：素材，E_1，E_2：爆発硬化 1，2 回の板材，H：落錘衝撃硬化材）

とがわかる．爆発硬化材 E_2 と落錘衝撃硬化材 H とは大差なく，爆発硬化部第 1 表層部材の性質はほぼこれらと同等である．

図 3.46 は V ノッチシャルピー衝撃試験の結果で，図には衝撃値データに対応させて，各試験片の硬さ分布を示してある．硬さ分布に着目して衝撃値を見ると，①加工硬化度が小さいものほど靱性が大きい，② $I_1 \sim I_3$ の硬い表層部はごく浅いので衝撃値にはほとんど影響を与えていない．③ $I_1 \sim I_3$ は薄肉部になるほど平均的に硬化度が大きくなるので比例して靱性が小さくなる，④最も爆発硬化度が大きいノーズ先端部の I_3 および同程度の硬化度を持つ両面同時 2 回爆発硬化材 E_2，落錘衝撃硬化材 H の衝撃値はおよそ $20\,\mathrm{kgf\cdot m/cm^2}$ で，高マンガン鋼は高度の加工を与えても靱性は著しくは低下しないことがわかる．また，爆発硬化により疲労強度も向上する [68]．

爆発硬化高マンガン鋼の摩耗試験結果を図 3.47 に示す [69]．試験機は 2 個の環状試験片を加工負荷して回転させるアムスラー形の金属摩耗試験機で，摩耗量は試験片の重量減量で求めた．試験条件は JR 幹線レール・タイヤの関係値から推算した接触圧，すべり率の文献値 [70]~[74] を参考に設定した．図はすべり

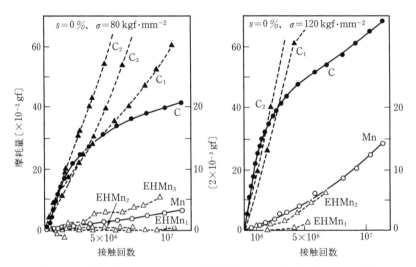

図 3.47 爆発硬化高マンガン鋼の耐摩耗特性（Mn：未硬化高マンガン鋼，EHMn：爆発硬化高マンガン鋼，C：炭素鋼タイヤ）

率 $s=0\%$, 転がり接触の場合で, 高マンガンレール鋼の摩耗量は炭素鋼タイヤに比べて著しく小さいので, 摩耗量は 20 倍に拡大して図示してある.

図の EHMn$_1$ のデータが示すように, 爆発硬化高マンガン鋼の摩耗量は未硬化高マンガン鋼に比べ微小で耐摩耗性が向上していることがわかる. ただし, 高マンガン鋳鋼はひけ巣やピンホールを欠陥として内蔵することがあり, これらは爆発硬化により顕在化させ得る. 表層部にこれらの欠陥があると, EHMn$_{2,3}$ のデータが示すように, 爆発硬化材といえども未硬化材と同じオーダーまたはそれを上回る摩耗を呈する. また, すべり 9% を伴う転がり接触下では爆発硬化高マンガン鋼が未硬化高マンガン鋼と同レベルの摩耗を呈する結果が得られた. これらを現場調査結果と比較すると, 現場データの方が好結果を得ているが, これは摩擦条件が 1 : 1 の対応を示さないし, 摩耗試験片は接触面を研削仕上げする必要があり, 爆発硬化表層が若干除去されていることによるものと推測される.

摩耗試験終了後の試験片の塑性流動組織を図 3.48[69)] に示す. 図 (b) の爆発硬化高マンガン鋼はすべり 9% の厳しい摩擦条件にもかかわらず, 結晶粒に見られる塑性流動の痕跡は微小で, 転動疲労で生じたと思われる微小亀裂が表

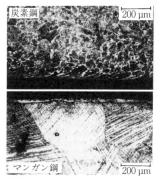
（a） 炭素鋼タイヤ（上）と
　　　未硬化高マンガン鋼（下）
　　　（$s=0\%$, $\sigma=120$ kgf·mm^{-2}）

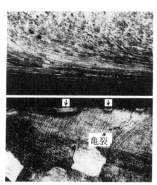
（b） 炭素鋼タイヤ（上）と
　　　爆発硬化高マンガン鋼（下）
　　　（$s=0\%$, $\sigma=80$ kgf·mm^{-2}）

図 3.48　環状試験片による摩耗試験終了後の塑性流動組織

層部に認められる．摩耗面の走査電子顕微鏡観察でも爆発硬化高マンガン鋼が最も滑らかで剥離部が僅少である．

X線応力測定法による爆発硬化高マンガン鋼の表面残留応力測定結果の一例を**図 3.49**[75]に示す．ショットピーニング加工などでは一般に表面に圧縮残留応力を生じ材料に有利に働くが，爆発加工では特殊な現象が派生し爆発熱の影響も受けるので，表面に高い引張残留応力を生じる[66),73)〜75)]．これが転動する車輪衝撃を受けた場合，どのような挙動を呈するかは爆発硬化高マンガンレールにとって重要である．図は車輪衝撃を落錘衝撃で置き換えて，繰返し打撃を加えた場合の表面引張残留応力の変化を示す．およそ1 200 MPaの引張応力は落錘衝撃の繰返しとともに急激に減少し，200〜3 000回負荷後には約500 MPaの圧縮応力に達している．これに対し表面に小さい圧縮残留応力を持つショットピーニング材と素材では，初期の10回衝撃で引張応力に転じたの

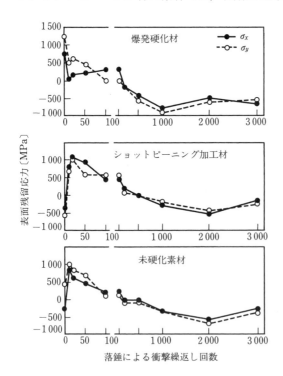

図 3.49 爆発硬化高マンガン鋼の繰返し衝撃による表面残留応力の変化

ち，爆発硬化材と同様な傾向で変化している．したがって，爆発硬化材の高い
表面引張残留応力は実用上不利な結果を招くことはないものと推測される．

3.5 爆 発 圧 粉

　爆発圧粉とは金属材料，セラミックスなどの粉体に爆薬の爆轟（爆発）時の
超高圧力を加えることにより粉体を固形化する方法で，静的な加圧法では得ら
れない種々の特徴を有する．爆発圧粉の初期の試みとしては1952年にジェッ
トエンジン用ブレードに使用する目的で TiC，TaC などの粉末とニッケル粉末
とを詰めた袋を水で満たした密閉容器に装填し，ダイナマイトを用いて固形化
させた例がある．その後，各国において爆発圧粉に関する研究がなされ，対象
材料として当初の金属類を主体としたものから非金属，セラミックスなどに，
また手法についても上記の管状法のほかに板状の成形体を得る方法へと研究範
囲が拡大されつつある．ここでは，爆薬の爆轟衝撃波の挙動を交えた爆発圧粉
の基礎的な理論と実際の手法およびその利用例を述べる．

3.5.1 理　　　　論
〔1〕 衝撃波の通過による圧力の発生
　衝撃波が物質中を通過する場合，そのエネルギーが拡散するよりも補充され
る方が大きいため，進行に従って通過した背後にエネルギーが蓄積される．換
言すると衝撃波の進行に伴って物質粒子がその衝撃波の背後から流入するため
物質の密度が高くなり，その分だけ物質内部の圧力が上昇する形でエネルギー
が蓄積される．上昇した圧力は希薄波と呼ばれる圧力解放波が通過するまで維
持されるが，この希薄波は衝撃波により圧縮された物質中を進むため先行の衝
撃波より速度が速く，物質中を深く進行するに従って，次第に衝撃波との距離
が縮まり，最終的には追い付いて衝撃波を消滅させる．すなわち，加圧されて
いる部分ではその圧力値は一定であるが，衝撃波源から遠ざかるに従って加圧
時間が次第に短くなり，希薄波が追い付いた所で加圧時間が0になる形で圧力

が消滅する．爆発圧粉において均一な圧粉体を得るためにはこれらの圧力値，加圧時間，圧力の到達深さを精密にコントロールする必要がある．

〔2〕 **爆発圧粉実施時における発熱**

爆発圧粉を実施する際，以下の2種類の発熱を伴う．その一つは内部エネルギーの増加による温度上昇である．衝撃波が通過すると圧力上昇に伴う内部エネルギーの増加が起こり，それが温度上昇となって現れるが，衝撃圧縮はエントロピーの増加を伴った特異な圧縮であるため，その内部エネルギーの増加量は断熱圧縮の場合より大きく，その分だけ到達温度も断熱膨張に比べて高くなる．この温度は圧力解放と同時に低下するが，このときの圧力解放は断熱膨張で行われるため，先のエントロピーの増加分が圧力解放後も熱として物質中に残留し，元の温度までは戻らない[76]．

いま一つは衝撃波が粉体中を通過する際の摩擦，衝突による温度上昇である．爆薬の爆轟によって発生した衝撃波は粉体中ではその粉体粒子内とその粒子間に存在する空隙とを交互に通過することになるが，この際に粉体粒子が個々に加速され密充填されると同時に互いに摩擦，衝突を繰り返すことにより粒子のごく表面が発熱する．爆発圧粉では加圧と同時にこの熱による粉体表面の溶融または拡散が起こって粒子間が接合されるため，圧粉体が焼結状態となるものとされている．

したがって，爆発圧粉に適する粉体は粒度がある程度大きい方がよく，粒径10～100 µm付近のものが最も効率良く固形化できる．なお，この発熱は粒子のごく表面のみの発生で，固形化が終了した段階で即座に降下するものと考えられ，急冷を要するアモルファス金属材料を爆発圧粉するような場合においても，粉体表面が溶融・固形化した後，その熱が速やかに粉体内部に拡散し，温度が下がるためアモルファス状態のまま圧粉体を得ることができる．

3.5.2 実際と利用例

〔1〕 **手　　　　法**

爆発圧粉によく用いられる方法として，**図3.50**に示す管状法と平板法が挙

3.5 爆発圧粉

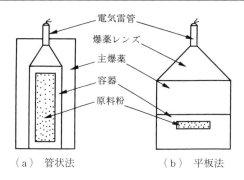

(a) 管状法　　　　(b) 平板法

図 3.50　爆発圧粉の方法

げられる．管状法は原料粉を管状容器の中に充填して周囲（管外壁面および片端または両端面）に爆薬を配置し，その片端面から起爆する．爆轟は管状容器の周囲を片端から軸対称を維持しながら進行し，それに従って爆轟によって発生した衝撃波も管壁面の一端から逐次原料粉内部に伝播する．原料粉は，この衝撃波が通過する際に発生する超高圧により，管の外壁面から中心部に向かって圧縮され固形化する．

この方法は，後述の平板法に比べて比較的簡単に大量の試料を処理することができる．この場合，外周から中心に向かって進行してきた衝撃波が中心付近で集中するが，中心部ほど圧力が高くなるため管の周辺部と中心部の圧粉効果を均一にするためには，爆薬の性能，量，原料粉の充填密度などにより圧力を精密にコントロールする必要がある．特に著しい場合は，中心部にマッハ衝撃波と呼ばれる衝撃波が発生して圧力，温度の異常に高い部分を作るため温度上昇と割れの発生が多く，脆弱な材料の場合は注意を要する．通常は管の中心軸に沿って金属棒，空洞などを設置してこれらの影響を防止している．

平板法は金属容器中に原料粉を円盤状に充填し，その容器の一端面に爆薬を設置する．爆薬は主爆薬と平面波爆薬レンズで構成され，その頂部に雷管をセットする．雷管の起爆により発生した球面状の爆轟波はレンズ部分で平面波に修正されて主爆薬中を均一に伝播し，原料粉に平面状の衝撃圧を与えて固形化させる．この方法は容器の大きさの割には得られる圧粉体が小さいが，衝撃

波が平面状であるので得られる圧粉体が比較的均一で，圧力のコントロールも比較的安易である．ただし一方向からの爆轟であるため，金属容器のほかの各面に衝撃波の反射による希薄波が発生し，容器のスポール破壊または一度固形化された材料に希薄波が直接侵入することに起因する割れの発生が認められることが多い．その対策として，原料粉容器を密度の異なる材料を組み合わせた多重構造にして，原料粉の部分への希薄波の侵入を防ぐ方法が実施されている[77]．

〔2〕利用例

加熱により物理的または化学的に変化し，その特性が失われる上に静圧では固形化することが困難なアモルファス金属材料の固形化，ダイヤモンド，窒化ホウ素などの衝撃焼結などの研究例がある[78]．高融点でかつ伸び，変形能などの著しく小さい材料も取り上げられることが多い．その例として金属材料ではタングステン，モリブデンなど，セラミックス材料では炭化ケイ素，窒化ケイ素などが挙げられる．また，最近はセラミックス系超電導材料に対する研究も盛んに実施されている．図3.51にコバルト系アモルファス金属材料の圧粉体の例を示す．

図3.51 爆発圧粉体の例（コバルト系アモルファス金属材料）

3.6 爆発切断

3.6.1 理論

〔1〕直接的爆発切断

爆薬を被切断物に貼り付けて爆発させる衝撃圧および生成ガスによりせん断力を受けて破壊または切断される（図3.52参照）．必要な爆薬量 E は，I ビー

ムや鋼板切断のように爆薬と被切断物の接触状態が良い場合には

$$E = \frac{3}{8}A \tag{3.19}$$

ここで，E：使用爆薬の等価TNT爆薬量（ポンド），A：断面積〔in^2〕である．

ケーブル，鎖切断のように爆薬と被切断物との接触状態が悪い場合には

$$E = A \tag{3.20}$$

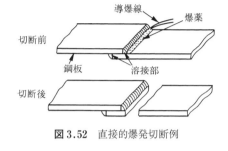

図3.52　直接的爆発切断例

衝撃圧による切断は，被切断物内部での衝撃波の衝突や自由面での引張衝撃波の作用により生じる．図3.53に示すような衝撃波が自由面に到達すると引張衝撃波となって反射される．反射引張波と入射圧縮波との差が材料の動的引張強さより大きいと材料は破断される．破断される厚みb，波頭圧力P_m，波長λ，材料の動的引張強さσ_D，破断される平板の数をNとするとつぎの関係がある．

$$b = \frac{\lambda \sigma_D}{2P_m} \tag{3.21}$$

$$N = \frac{P_m}{\sigma_D} \tag{3.22}$$

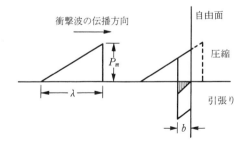

図3.53　衝撃波による剥離破壊

〔2〕 **間接的爆発切断**

爆薬の爆発圧力で刃物を駆動して切断する方法や，成形爆薬により高温・高速の金属ジェットを生成させ，その高速衝突で目的物を切断する方法が確実で精度の高い切断方法として用いられている．成形爆薬による切断原理を以下に示す．

図3.54に示すように，円錐またはV形の断面形状を持った金属ライナーが爆薬の爆発時に崩壊する際，衝突点から高速の金属ジェットが噴出する．この現象はノイマン効果またはモンロー効果といわれている．この金属ジェットがターゲットに高速衝突すると数十万気圧の高圧力でもって物体をジェットの進路外へ吹き飛ばし，円錐形ライナーでは穿孔，V形ライナーでは切断する．この金属ジェットによる貫通理論は衝突点での圧力がターゲットの弾性強度よりはるかに大きいため，強度と粘性は無視できるとして流体力学的に取り扱われる．

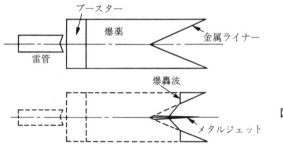

図3.54 金属ライナーの崩壊とジェットの形成

高速の連続ジェットが金属ターゲットを穿孔する場合，次式のようになる．

$$L = l \left(\frac{\rho_j}{\rho} \right)^{1/2} \tag{3.23}$$

ここで，L：貫通深さ，l：ジェットの長さ，ρ_j, ρ：ジェットとターゲットの密度である．

しかし，金属ジェットは高速勾配を持っており，最初に生成する先端ジェットが早いので，時間とともにジェットの長さは伸び貫通深さも大きくなるが，ある時間以上経過するとジェットは不連続となり貫通深さも減少する．

金属ジェットの貫通深さに与える要因として，爆薬の種類，ライナーの材質や角度，ターゲットの密度と強度，ジェットの回転による分散，ライナーの崩壊速度を大きくする wave shaping 技術などが検討されている[79),80)]．

3.6.2 適　用　例

爆薬を貼り付ける方式の爆発切断では，被切断物は大きな変形を受け切断面精度も悪い．金属ジェットなどを利用して切断する方法は少量の爆薬でより確実に切断する方法であるが，切断長さが長いと爆発エネルギーが周囲に与える影響は大きい．しかし爆発切断は，瞬間的に切断できることや爆薬をセットした後離れた位置から安全に切断できるなどの特徴があり，多くの特殊な用途がある．

直接切断の例としては航空機搭乗員の緊急脱出用のキャノピー破断装置，FRP 船の切断，航空機の燃料タンクやその他の外部付属物の切断器などがある．間接切断法の適用例は図 3.55 に示すように，爆薬カートリッジの作動によりピストンブレードを押し，ワイヤ，ボルト，ロープなどを切断する火工品がロケット，ミサイル，航空機などの部品として使用されている[81)]．また，ピストン駆動でレールの側面に穿孔するレールパンチ用の銃が開発されている．

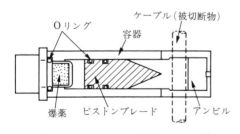
図 3.55　カートリッジ作動カッター[81)]

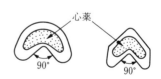
図 3.56　FLSC の横断面図[82)]

金属ジェットの穿孔作用による間接切断例としては，平炉なら溶湯を出鋼するため出鋼口を穿孔するジェットタッパー，採油用油送管に穿孔するためのグラスジェットなどがある[82)]．金属ジェットを金属板の切断に用いる場合，図 3.56 に示すように V 字形軟質金属管中にペンスリットなどの高爆速の心薬を

持った軟質成形装薬線（flexible linear shaped charge：FLSC）が用いられる.
FLSCの金属板切断能力を**表3.8**に示す．金属ジェットによる大型構造物の爆
発切断の例として，大型船の進水時の船体と船台との結合鋼板の切断，鉄道の
トラス橋梁の切断および182mの長大吊り橋の橋柱切断などがある[83]．また中
国では，沿岸に廃棄された大型タンカーや貨物船を，まず金属ジェットで大ブ
ロックに切断し，その後海岸に引き上げて溶断解体した例が報告されている[84].

表3.8 FLSCの金属板切断能力 [83]

心薬量〔g/m〕	最大切断板厚〔mm〕	
	ステンレス鋼板	アルミニウム板
1.05	0.7	1.8
2.1	1.1	2.3
4.2	1.8	4.1
10.5	3.1	6.4
21.0	4.8	9.3
52.5	6.4	12.7

3.7　爆発エネルギーの新しい応用

3.7.1　物質の合成

爆発衝撃による物質合成では，ダイヤモンド合成とウルツ鉱型窒化ホウ素
（以下wBN）合成が工業化されている．前者は多結晶の特性を生かした長寿命
で面粗度の優れた研磨材として，後者は鋼材の高速断続切削に優れたwBN焼
結体切削工具原料として利用されている．いずれも物質の低圧安定相から高圧
安定相または高圧準安定相への溶融媒体を介さない同素異体変態によるもの
で，厳密な意味での化学反応を伴う合成ではない．コスト面から爆発衝撃を利
用しているが，同程度の圧力であれば，例えば高速の弾丸を原料に衝突させて
衝撃圧力を負荷しても合成可能である.

閃亜鉛鉱型窒化ホウ素（または立方晶系窒化ホウ素，以下cBN）の衝撃合
成，Ni溶融媒体から析出したと考えられる単結晶，または多結晶ダイヤモン

ドの衝撃合成が研究段階にある．

〔1〕 **衝撃負荷方法**

図3.57はダイヤモンド合成に用いられた装置で，平面波法と称する．平面波発生装置では爆発が主爆薬上面に同時に伝わるように爆発速度を設定すれば，主爆薬は平面状に爆発する．主爆薬下面に接するドライバー板と称する金属板は，衝撃を受けて下方に高速で飛び出し，飛んでいる間に加速されて被衝撃体に衝突する際に，爆薬に直接被衝撃体を貼り付けた場合より高い圧力を負荷できる．この方法は高価な平面波発生装置（爆薬レンズ）を必要としており，現在は主として科学実験に用いられている．

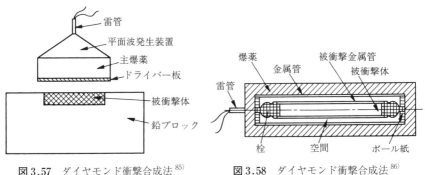

図3.57 ダイヤモンド衝撃合成法[85]　　**図3.58** ダイヤモンド衝撃合成法[86]

図3.58では外層の円筒状爆薬の爆発により，内側の金属円筒が求心的に高速で加速され，間隔を置いて中心軸上に配置された被衝撃体を収容した金属円筒に衝突して高圧を負荷する．被衝撃体の密度，爆発速度，金属円筒の衝突速度が適切に設定されていれば，中心軸に直角な波面の衝撃波が発生する．この方法はダイヤモンド合成に固有なものではなく，被衝撃体を変えてほかの材料の合成にも利用できる．平面波発生装置などを必要とせず，比較的低級な爆薬で高圧を発生でき，被衝撃体の回収がほぼ100％であることなど，工業的でより低コストな衝撃超高圧合成法として価値は高い．

図3.59は，wBN合成に用いられた衝撃法で金属円筒の中心軸上に鋼の丸棒が挿入され，円筒と棒の間の環状空間に被衝撃材料が充填され，衝撃超高圧を

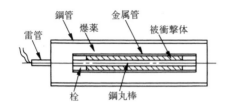

図3.59 wBN衝撃合成法[87]

負荷する手法として広く採用されている.

〔2〕 被衝撃原料

　ダイヤモンド以外の炭素であれば何でもダイヤモンドに転換できるが，一般にはグラファイトを原料とするのが好ましいとされる．グラッシーカーボンを原料とする方法，フッ化炭素を原料とする方法もあるが，工業生産の適否はコスト面で検討の要がある．

　De Carli は，デュポン社の工業生産前にダイヤモンド衝撃合成に成功し，グラファイトのみに衝撃を負荷した場合のダイヤモンド得量はグラファイトに対して9.3%であったとしている．これは衝撃による高温高圧で生成したダイヤモンドは，圧力が常圧に低下した後も高温が残留するので，常圧での不安定性により，かなりの量がグラファイトに再転換したと考えられている．デュポン社の方法は，グラファイトにFe，Cu，Al，Niなどの金属粉を容積で90%前後混合して被衝撃体とする点が特徴で，衝撃時に金属は炭素より低温にとどまるので，高温のダイヤモンドを急冷してグラファイトへの逆転換を防止し，多い場合は原料の52%がダイヤモンドとして回収されたとしている．

　これ以後，衝撃合成の場合，金属粉を被衝撃体原料に混合することが常識となっている．一般に金属は密度が高く，音速が速いので，両者を掛け合わせた値である衝撃インピーダンスが高く，混入することにより，同じ衝撃に対して被衝撃体単独より圧力が上がりやすく，同じ圧力に到達する場合，到達温度は低くなる．よって金属粉を混入することにより冷却効果のみでなく，衝撃時により高圧低温にする効果も得られる．生成物の結晶型は高圧低温では，六方晶ダイヤモンドと立方晶ダイヤモンドの混合物，高圧高温では，立方晶ダイヤモンドのみである．合成圧力は40 GPa（約40万気圧）以上と見積もられるが，

温度は系の平均温度しか計算できず，定性的に取り扱われている．

wBN の衝撃合成は，窒化ホウ素（BN）の低圧相である六方晶系窒化ホウ素（以下 hBN）を原料として使用する．金属粉の被衝撃体に混合するのはダイヤモンドと同様であるが，その容積率は 50% 前後でよい．wBN の場合，熱安定性はダイヤモンドより高いと考えられ，金属粉を混ぜないでも比較的高い転換率で wBN が得られるが，低級爆薬で合成可能とするために圧力上昇効果を狙うことと，製品の粒径制御のため金属粉を混入する．例えば爆発速度 5 900 m／s 程度の工業用ダイナマイトを使用して結晶性の良い hBN と鉄粉を容積率 50：50 で混合し，図 3.59 の衝撃方法で合成することによって，転換率 60% 以上で wBN が得られ，合成圧力は約 10 GPa 以上と見積もられる．cBN を合成するには，hBN を 2 回以上衝撃する方法と出発原料としてロンボヘドラルの窒化ホウ素（rBN）を使う方法が知られている．前者で最終的に得られるものは hBN，wBN，cBN および未知の相の混合物，後者では cBN と hBN の混合物であるが，ともに工業化されていない．

〔3〕 精　製　法

ダイヤモンドと wBN のいずれも混合した金属粉を酸溶解もしくは電解によって除去する．その後，ダイヤモンドではダイヤモンドとグラファイトの酸化速度の差を利用して残留するグラファイトを除去するが，これには気相法[85]と液相法[88]がある．気相法はダイヤモンドとグラファイトの混合物を PbO，PbO_2，Pb_2O_3，PbO_4 など鉛の酸化物または酸素含有鉛化合物と混合して空気中で 350 ～ 550℃ に加熱してグラファイトを酸化除去する．液相法は混合物を硝酸中で酸化金属とともに 100℃ 以上に加熱して，同様にグラファイトを酸化除去する．

wBN は，wBN と hBN の熱アルカリにより分解速度の差を利用して精製する．KOH，NaOH あるいはその混合物中に wBN と hBN の混合物を入れ，100℃ 以上に加熱して hBN を分解除去する．200℃ を越える高温では処理時間が短縮されるが，wBN も分解されて得率が低下するので 200℃ 未満で処理することが好ましく，温度調整のために水を加えることがある．

3.7.2 超高磁場の発生と爆薬発電機

■ 超高磁場発生技術への応用

高性能爆薬の含有エネルギー量は $4 \sim 8 \times 10^3$ kJ/kg, $1 \sim 2 \times 10^7$ kJ/m^3 程度である.このエネルギーは爆轟で生成したガス体に保存され,工業的には運動エネルギーや電磁エネルギーなどのほかのエネルギー形態へ変換されて利用される.

超高磁場は,図3.60 に示すように,円筒状の高性能爆薬をその周囲に配置した雷管により同時多点起爆して金属管を縮管させ,金属管内の磁場を圧縮することに基づいている.金属管壁への磁場の浸透深さが管厚以下であれば,磁場は管外へ漏れないので,管の変形前後の磁束が保存される.したがって,縮管前後の管断面積を S_0/S とすれば,縮管後の磁場は $H = H_0 (S_0/S)$ で与えられる.

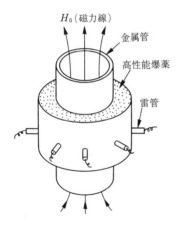

図3.60 円筒型超高磁場発生用爆縮装置

爆薬発電機は爆発エネルギーを電力(電磁エネルギー)に変換する装置で,MC型(磁場濃縮型)と MHD 型の2種類がある.MC 型には,図3.61 のような平面型,らせん型,同軸型とこれらを複合化したものがあり,いずれもコンデンサー放電電流による磁場を圧縮し,これにより電流増幅を行っている.図3.62 に MC 発電機(らせん・同軸複合型)の実験例を示す.MC 型発電機の爆発エネルギー変換効率はたかだか 30% 程度であり,負荷の必要とする条件に応じて各種のタイプのものが使い分けられている.緩やかな立上りで大きな電流増幅($\sim 10^3$ 倍)を必要とする場合にはらせん型,急速な立上り($dI/dt > 10^{12}$ A/s)を要するときは完全平面型,平坦な電流波形には同軸型発電機が適する.

MHD 型ではプラズマと電磁場との相互作用によるプラズマが減速され,その運動エネルギーの一部が電力へと転換される.この場合,作業流体(プラズ

3.7 爆発エネルギーの新しい応用

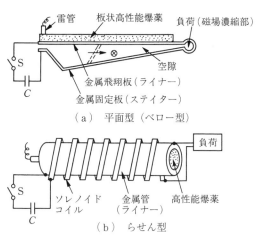

(a) 平面型（ベロー型）

(b) らせん型

(c) 同軸型

図 3.61 各種の MC 型発電機

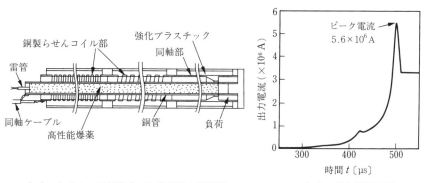

(a) らせん・同軸複合 MC 発電機の断面図　　(b) 出力電流波形

（図 (a) は MC 型発電機の断面図で，長さ約 1 500 mm，直径約 100 mm，使用爆薬量約 2 kg．図 (b) はその出力電流波形の実測値である（初期コンデンサー電流：$I_0 = 5 \times 10^4$ A，ピーク電流：$I_m = 5.6 \times 10^6$ A））

図 3.62 MC 型発電機の実験例

マ）と磁場が強く相互作用することが重要であり，相互作用の程度は磁気レイノルズ数 R_{em} で見積もることができる．$R_{em}>1$ が望ましいが，この条件を満たすのは容易でない．初期の頃は作業流体として爆発生成ガス自体や，金属ジェット流などを利用していたため $R_{em}\ll 1$ であり，爆発エネルギーの総合的な変換効率は 1% 以下と低かったが，不活性ガスプラズマ流を使用する方法により高効率化（～10%）が可能となった．

3.7.3 溶接残留応力の軽減

溶接継手の残留応力は，溶接熱による局部的な急速加熱・冷却により，溶接部の膨張・収縮がその他の部分より拘束されることによって発生する．特に溶接線方向の残留応力は，溶接金属およびその近傍においては，降伏点に近い高い引張残留応力値を示すことが多く，脆性破壊や応力腐食割れの発生など，継手の使用性能に有害な影響を与えている．

溶接金属とその近傍の引張残留応力域に，荷重調整と操作が簡単で再現性にすぐれた爆発荷重を使用して，局部的な塑性変形を与えて，残留応力を軽減する方法があり，原子力プラント，化学製品輸送機器あるいは重機械機器の溶接継手部の残留応力軽減に実用されている．

図 3.63 は，溶接残留応力軽減のための爆発処理（以下，局部爆発処理と呼ぶ）の爆薬の配置例である．爆薬は溶接金属を含む引張残留応力域に，バッファーを介して，継手の片面あるいは両面にセットする．使用爆薬は，導爆線，可塑性あるいは粉状の爆薬のいずれでもよいが，設置の簡便さからは，前2者の使用が好ましい．ただし，導爆線を使用する場合は，エネルギーの損失を招く導爆線間の空間を埋め，また圧力の均等な伝達が得られるような，同時

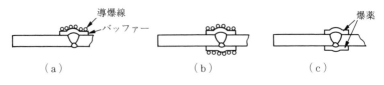

図 3.63 爆薬配置

にまた導爆線の固定に役立つ粘着性のあるパテのような物質を，バッファーとして選択することが好ましい．

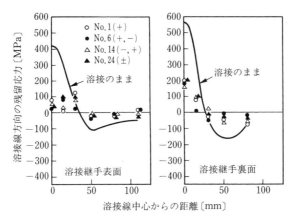

No.1：表面のみ爆発処理（＋）；バッファー粘土（50×10 mm）
No.6：表面を爆発処理後，裏面を爆発処理（＋，−）； 〃
No.14：裏面を爆発処理後，表面を爆発処理（−，＋）； 〃
No.24：表裏両面同時爆発処理（±）； 〃

(a) 局部爆発処理（導爆線）による残留応力の軽減

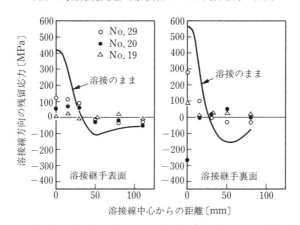

No.29：ダイナマイト（5×25 mm, 1.3 g/cm^2），バッファー 30×10 mm
No.20： 〃 （5×25 mm, 1.3 g/cm^2）
No.19： 〃 （6×25 mm, 2.0 g/cm^2）

(b) ダイナマイトによる局部爆発処理と残留応力の軽減（表裏両面同時処理）

図 3.64

122   3. 爆 発 加 工

図 3.64 は，X 型突合せ溶接で作用した，250 mm×250 mm×14 mm の溶接継手の局部爆発処理による残留応力の軽減と分布状態を示したもので，図（a）は導爆線を，図（b）は市販のダイナマイト（榎）を爆薬として使用した場合の結果である．

導爆線を使用する場合は，同一の使用爆薬量では，含有爆薬量の少ない小径の導爆線を多数本使用して，引張残留応力域に均等に爆発荷重を作用させることが好ましい．また，片面からのみの局部爆発処理による残留応力の軽減率は，両面から行った場合と大きな差は認められないが，片面からの処理では，継手に角変形が起こる可能性があるので，その方策が必要となる．

局部爆発処理にあたって，最も重要なことは適正爆薬量の選定である．継手に残留する弾性ひずみ量に相当する塑性変形量を与える爆薬量が，その適正量となるが，爆薬量が過小の場合は，その軽減効果は少なく，また引張残留応力のピーク位置も再分布により母材側に移行し，その値も大きい．爆薬量が過大のときは，たとえ溶接部の引張残留応力が圧縮に転じても，母材部に引張残留応力が発生することになるので，爆薬量の選定には，十分な予備検討が必要である．

局部爆発処理後の溶接継手の機械的性質は，処理前のそれと変化はなく，疲れ強さはむしろ上昇するとの報告もあるが，特に切欠靭性を含んだ確性試験が望まれる．

3.8   爆発加工用設備

爆薬を大気中で爆発させると大量のガス，騒音，振動，衝撃波などを発生し危険である．したがって，爆薬を使用するのには種々の安全対策が必要であり，また大量に使用する場合には，運搬・貯蔵・取扱いの面でも法規制があり，騒音・振動面でも公害防止条例を守る必要がある．関係法令については 3.9 節に記述した．

通常，爆発圧着には 1 回に数百 kg ～数トンの爆薬を使用するので人工のト

3.8 爆発加工用設備

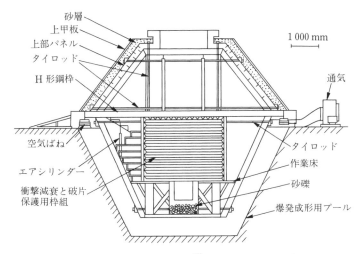

図 3.65 爆発加工室断面図[89]（日本油脂株式会社）

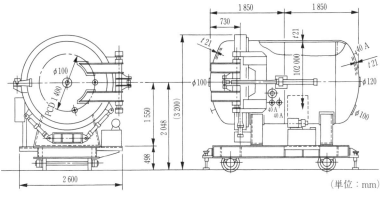

図 3.66 10 kg 用爆発実験容器（工業技術院化学技術研究所）

ンネル，または大きな圧力容器を地中に埋設し，上部をコンクリート，土などで覆った構造物が使用され，密閉式（図3.12参照），開放式がある．内容積は，1 000〜数十万 m^3 程度である．一方，10 kg 程度までの爆薬を使用する設備は，大気圧で使用する設備と真空式とに分類できる．いずれも発生ガス，騒音防止，金属片の飛散防止などに留意した設計を行っている．**図3.65**に10 kg までの爆薬を大気中で行う設備を示した．内容積は約 180 m^3 である．装置は 9 mm + 3.2 mm の鋼板パネルで構成され，上部パネルは，消音・排気構造としてある．また，内部には飛散物が直接パネルに衝突しないように100 mm×100 mm×10 mm 厚の山形鋼をます形に 180 mm 間隙で配置してあ

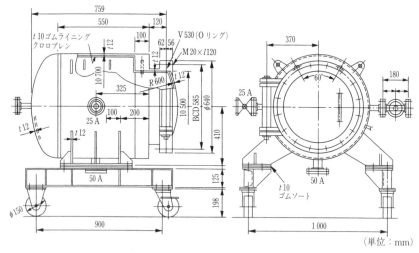

（単位：mm）

図3.67　1/4 kg 用爆発実験容器（愛媛大学工学部）

る．真空式は，耐圧容器の内部にゴムライニングを施したもので**図3.66**に示した．内容積 $10\,\mathrm{m^3}$ で $10\,\mathrm{kg}$ の爆薬を使用し得る．内部が真空なので騒音は外部に伝播しない．爆発後に発生ガスで容器内部は常圧となる．飛散物は，ゴムライニングで防止し，さらにゴムライニング内側に簡単なバッファを設置することもある．**図3.67**は $1/4\,\mathrm{kg}$ 用の爆発実験設備である．

　爆発成形は，爆轟により発生した衝撃圧を被成形体に伝達する媒体として水を利用している．したがって設備にはタンクを使用し，かつ爆発時の振動が外部に伝わらないような工夫がなされている．また，素材の変形速度が大きいので型と素材間の空気を排気する必要があり真空ポンプも設置する必要がある．水槽は，$2\,\mathrm{m}\times4\,\mathrm{m}$ 程度の金属板を成形する場合，直径 $6\,\mathrm{m}$ ほどの水槽が準備され，かつ上部には，金型の取出しと設置のためのクレーンおよび爆発時に上部に飛散する水の回収設備が必要となる．

3.9　火薬類と火薬類取締法

　爆薬は火薬類と総称され，機能面から火薬（low explosive），爆薬（high explosive），火工品（ammunition）の3種類に分類されている．火薬は，銃砲の弾体発射薬やミサイルの推進薬が該当し，火薬の燃焼発生ガスの圧力が利用される．爆薬は，燃焼（爆轟）により発生する爆発ガスの膨張圧力および衝撃波を利用するもので，鉱山・土木用のダイナマイトはよく知られており，種々の加工には爆薬が使用されている．爆轟は，爆発の一形態であって衝撃波の発生を伴っている．爆発速度を採れば通常 $2000\,\mathrm{m/s}$ 以上の爆速を有するものを爆薬と称している．

　種々の加工に利用される爆薬は，その加工に便利なように性能・形状が異なっている（**表3.9**参照）．例えば，爆発圧着用の爆薬は，爆速が金属内の音速より低い方が良く，かつ合せ材の板厚，金属の種類によって使用爆薬量が異なり，これを均一の厚さに合せ材の上に配置する必要があるので，低爆速の硝酸アンモニウムを主体とする粉状爆薬が使用される．爆発硬化の場合は，被硬

3. 爆 発 加 工

表 3.9 爆発加工用爆薬例

使用目的	主成分	形 状	爆 速〔m/s〕	見掛け比重	主成分発生熱量〔kcal/kg〕	主成分発生ガス量〔l/kg〕
爆発圧着	硝酸アンモニウム NH_4NO_3	粉状	2 000 ～2 500	0.5 ～0.7	346	980
爆発硬化	ペンスリット(PETN) $C_5H_8N_4O_{12}$	可塑性シート状	6 000 ～7 000	0.8 ～0.9	1 385	790
爆発成形	ペンスリット(PETN) $C_5H_8N_4O_{12}$	耐水導爆線	6 000 ～6 500	10～20	1 385	790
爆発合成	ペンスリット(PETN) $C_5H_8N_4O_{12}$	可塑体または粉状	2 000 ～7 000	0.5 ～1.2	1 385	790
爆発切断	ペンスリット(PETN) $C_5H_8N_4O_{12}$	成形体＋金属板	6 000 ～7 000	0.9 ～1.2	1 385	790

化金属に爆薬を密着させ，かつ衝撃波を硬化に利用するので高爆速のシート状の可塑性爆薬を使用する．

　火薬類は爆発によって，短時間に多量の熱およびガスを発生させることができる．この際のエネルギーを有効に利用することによって，トンネルの掘進，採石，宅地造成などの土木工事，金属の加工（圧着，成形）や人工ダイヤモンドの合成などの幅広い分野に利用されている．

　火薬類は，正しく利用されると短時間で仕事をすることや運搬・取扱いが便利など有用であるが，不正に使用されると危険であり，かつ公共の安全を阻害することになる．したがって，火薬類取締法によって火薬類の製造，販売，貯蔵，消費などについて厳しい規制がなされている．

　火薬類取締法は 1950（昭和 25）年に制定され，その後必要に応じ改正が行われ今日に至っている．この取締法は，火薬類取締法，同法施行令，同法施行規則および告示から構成されており，火薬類の製造，貯蔵，運搬，消費等火薬類を取り扱う際に，許認可を受けなければならないこと，それぞれの技術上の基準，危害予防上遵守すべきこと，盗難の防止，数量の管理のための記帳義務，届出，報告義務等詳細に規定している．

引用・参考文献

1) 滝沢雄：爆発圧接の研究，(1975) 博士論文（東京大学）.
2) Onzawa, T. & Ishii, Y.：Trans. JWS, **6**-2 (1975), 99-104.
3) 恩澤忠男：工業火薬協会誌，**31**-6 (1970)，352-360.
4) Keller, K.：Z. Metallkunde, **59** (1968), 383-389.
5) Ed. by Blazynski, T. Z.：Explosive Welding, Forming and Compaction, (1983), 189, Applied Science Publishers.
6) Abrahamson, G. R.：J. Appl. Mech., **28** (1961), 519-528.
7) Bahrani, A. S.：Proc. R. Soc., A **296** (1967), 123-136.
8) Hunt, J. N.：Phil. Mag., **17** (1968), 669-680.
9) Robinson, J. L.：Phil. Mag., **31** (1975), 587-597.
10) Cowan, G. R. & Holtzman, A. H.：J. Appl. Phys., **34** (1963), 928-939.
11) Kowlick, J. F. & Hay, D. R.：Met. Trans., **2** (1971), 1953-1958.
12) Deribas, A. A., Kudinov, V. M., Matveenkov, F. I. & Simonov, V. A.：Fizika Goreniya；Vzryva, **4** (1968), 100-107.
13) Onzawa, T. & Ishii, Y.：Trans. JWS, **4**-2 (1973), 234-240.
14) Carpenter, S., Wittman, R. H. & Carlson, R. J.：Proc. 1st Int. Conf. of the Centre for High Energy Forming, (1967), 1.2.
15) Loyer, A., Hay, D. R. & Gagnon, G.：Proc. of 5th Int. Conf. of the Centre for High Energy Rate Fabication, (1975), 4.3.
16) Wylie, H. K., Williams, P. E. G. & Crossland, B.：Proc. of 3rd Int. Conf. of the Centre for High Energy Forming, (1971), 1.3.
17) Metal Handbook, 9th Ed., (1983), ASM.
18) 軽金属溶接構造協会：船舶用軽金属委員会第17回報告書，その1，2，3，(1979).
19) 阿波野照幸：配管技術，**24**-8 (1982)，103-107.
20) Brringston, J.：Explosive Bonding of Tubes, (1968), U.S. Patent 3364561.
21) Yoblin, J. A. & Mote, J. D.：3rd Int. Sym. Use of Explosive Energy in Manufacturing Metallic Materials of New Properties by Explosive Welding, (1976), 161-180.
22) 旭化成株式会社資料

23) Otto, H. E. & Carpenter, S. H. : 3rd Int. Conf. of the Centre for High Energy Forming, (1971), 8.1.

24) Capper, H. M. & Chaplin, F. S. : 3rd Int. Conf. of the Centre for High Energy Forming, (1971), 8.2.

25) Grollo, R. D. : 3rd Int. Conf. of the Centre for High Energy Forming, (1971), 8.4.

26) Chadwick, M. D. & Evans, N. H. : Metal Construction, **5-8** (1973), 285-292.

27) Howell, W. G., Espinoza, T. A. & Wittman, R. H. : (1974), U.S. Patent 3806020.

28) Carlson, R. J., et al. : Battelle Memorial Institute Report, No.1594 (1962).

29) Crossland, B., Bahrani, A. S., Williams, J. D. & Shribman, V. : Welding and Metal Fabrication, 35 (1967), 88-94.

30) Yorkshire Imperial Metals Ltd. : Improvements in Securing Tubes into Tubeplates, British Patent, (1969), 1149387.

31) Bahrani, A. S., et al. : Proc. Int. Conf. on Welding Research Related to Power Plant, (1972), 617-633.

32) Crossland, B., et al. : Proc. 3rd Int. Conf. on Pressure Vessel Technology, (1977), 971-983.

33) 日本溶接協会 化学機械溶接研究委員会 : 爆接研究小委員会報告書, (1982).

34) 渡辺正紀ほか : I. I. W., Doc. XI-447-86 (1986).

35) Hardwick, R. : Explosive Welding, (1975), Welding Institute, 12-18.

36) Shribman, V., Williams, J. D. & Crossland, B. : Select Conf. on Explosive Welding, (1968), Welding Institute, 47-54.

37) Crossland, B. & Williams, P. E. G. : Proc. Int. Conf. on Use of High-Energy Rate Methods for Forming, Welding and Compaction, (1973), 9.1.

38) Hardwick, R. : Welding Journal, **54**-4 (1975), 238-244.

39) Hokamoto, K., Fujita, M., Shimokawa, H. & Okugawa, H. : Journal of Materials Processing Technology, **85** (1999), 175-179.

40) Hokamoto, K., Nakata, K., Mori, A., Tsuda, S. & Tsumura, T. : Journal of Alloys and Compounds, **472** (2009), 507-511.

41) Hokamoto, K., Nakata, K., Mori, A., Li, S., Tomoshige, R., Tsuda, S., Tsumura, T. & Inoue, A. : Journal of Alloys and Compounds, **485** (2009), 817-821.

42) Manikandan, P., Lee, J. O., Mizumachi, K., Mori, A., Raghukandan, K. & Hokamoto, K. : J. Nucl. Materials, **418** (2011), 281-285.

43) Habib, M. A., Keno, H., Uchida, R., Mori, A. & Hokamoto, K. : J. Mater. Process. Tech., **217** (2015), 310-316.

引 用 ・ 参 考 文 献　129

44)　Hokamoto, K., Mori, A. & Fujita, M.：Int. J. Mod. Phys. B, **22**（2008）, 1647-1658.

45)　Hokamoto, K., Vesenjak, M. & Ren, Z.：Mater. Lett., **137**（2014）, 323-327.

46)　Fiedler, T., Borovinsek, M., Hokamoto, K. & Vesenjak, M.：Int. J. Heat and Mass Transfer, **83**（2015）, 366-371.

47)　Alting, L.：Proc.3rd Int. Conf. of CHEF,（1971）, 6.1.

48)　苧阪浩男・藤田昌大・藤中雄三・花崎紘一：塑性と加工, **27**-303（1986）, 487-493.

49)　Ezra, A. A.：Principles and Practice of Explosive Metal Working,（1973）, 75, Industrial Newspapers Limited.

50)　Ezra, A. A.：Principles and Practice of Explosive Metal Working,（1973）, 106, Industrial Newspapers Limited.

51)　Andrezejewski, H. & Krupa, Z.：Proc. Int. Conf. on the Use of High-Energy Rate Methods for Forming, Welding and Compaction,（1973）, 5.1.

52)　Nimitz, P.：Proc.1st Int. Conf. of CHEF,（1967）, 2.4.

53)　清田堅吉・藤田昌大・伊妻猛志：塑性と加工, **11**-118（1970）, 831-837.

54)　Harding, J., Kulkarni, S. B. & Ezra A. A.：Proc. 2nd Int. Conf. of CHEF,（1969）, 8.4.

55)　小田明：材料, **33**-370（1984）, 821-827.

56)　西山善次・清水謙一・岡宗雄：日本金属学会誌, **22**-10（1958）, 532-536.

57)　西山善次・清水謙一・広本健：日本金属学会誌, **23**-2（1959）, 135-136.

58)　小田明：有明工業高等専門学校紀要, 24（1988）, 135-142.

59)　Schumann, H.：Arch. Eisenhütt., **38**（1967）, 647-656.；**40**（1969）, 1027-1037.

60)　今井勇之進・斎藤利生：日本金属学会誌, **26**-2（1962）, 73-77.

61)　White, C. H. & Honeycombe, R. W. K.：J. Iron Steel Inst., **200**（1962）, 457-466.

62)　西山善次・岡宗雄・中川洋：日本金属学会誌, **28**-7（1964）, 403-407.

63)　Raghavan, K. S., Sastri, A. S. & Marcinkowski, M. J.：Trans. AIME, **245**（1969）, 1569-1575.

64)　佐藤泰生：鉄道線路, **29**-3（1981）, 118-122.

65)　Rinehart, J. S., Rinehart, J. S. & Pearson, J.：Explosive Working of Metals,（1963）, 300, Pergamon Press.

66)　小田明・宮川英明：材料, **34**-384（1985）, 1019-1024.

67)　日本鉄鋼協会：鉄鋼便覧新版,（1971）, 1456, 丸善.

68)　小田明：アマダ技術ジャーナル, No.104〈特集高エネルギー速度加工 V〉（1988）, 36-55.

69) 小田明：材料，**34**-380（1985），595-601.

70) 栗原利喜雄：日本機械学会誌，**78**-683（1975），941-947.

71) 八木明：日本機械学会誌，**27**（1961），61-68.

72) 八木明：日本機械学会誌，**38**（1972），2785-2796.

73) 小田明・宮川英明：材料，**34**-380（1985），525-532.

74) 小田明・宮川英明・大山司朗：材料，**33**-367（1984），411-416.

75) 小田明・宮川英明：材料，**36**-401（1987），105-109.

76) 澤岡昭ほか：化学総説，No.22（1979），31-46.

77) 藤原修三ほか：27回高圧討論会講演要旨集，（1986），316-317.

78) Graham, R. A. & Sawaoka, A. B：High Pressure Explosive Processing of Ceramics,（1987）.

79) AMCP 706-290 Headquarters US Army Material Command,（1964-7），125.

80) Chou, P. C.：Propellants, Explosives, Pyrotechnics, Ⅱ, 11,（1986），99-114.

81) 藤山熙：工業火薬，**45**-2（1984），104-109.

82) 工業火薬協会編：工業火薬ハンドブック，（1973），499.

83) 松原重一：爆薬による鋼板切断の研究，（1980），博士論文（東京大学）.

84) Zhang, K. & Li, X.：The 7th International Symposium, Use of Explosive Energy in Manufacturing Metallic Materials of New Properties,（1988），464-472.

85) Cowan, G. R., Dunnington, B. W. & Holtzman, A. H.：U. S. Patent 3401019.

86) Balchan, A. S. & Cowan, G. R.：U. S. Patent 3667911.

87) 田中宗ほか：特許公告公報，特公昭 51-14994.

88) 黒山豊・荒木正任：特許公開公報，特開昭 60-239314.

89) 荒木正任：圧力技術，**26**-3（1988），146-159.

4 放 電 成 形

4.1 放電成形の概要

4.1.1 概要と技術開発の経緯

放電成形はコンデンサーに蓄えた大電荷をエネルギー源として，これを瞬時に液中で放電させたときに発生する衝撃圧力を利用する塑性加工法である．圧力伝達媒体として水やマシン油などが使用されており，この成形法の用途は爆発成形と類似している．しかし，爆薬と同等のエネルギーを得るためには巨大な設備を必要とし，実用的ではない．したがって，放電成形は比較的小物の製品で多品種少量生産に適しているといえる．次章の電磁成形とも一味違う特徴を持っており，現状での実用例は少ないが，今後の活用が期待できる成形加工法である．

水中放電により発生する衝撃波に関する基礎的な研究や応用の可能性の研究は 20 世紀の初め頃，旧ソ連や米国を中心に研究されていた[1]．特に米国では，爆発成形と同様に航空機関連の会社で盛んに応用研究がなされ，管材加工専門の小型実用機も市販された．

わが国においても，衝撃塑性加工（高エネルギー速度加工）法の利点として

（1） 大型のプレス機械を使用しなくても大型部品の成形が可能であり，雌型だけで雄型は不要である（多品種少量生産に適する）

（2） スプリングバック量が少なく，製品精度の向上が期待できる

（3） 材料によっては高ひずみ速度条件下で延性の向上が期待できる

などが挙げられ，基礎的な研究が盛んに行われた[2),3)]．

4.1.2 放電成形の方式

放電方式を大別すると図 4.1 に示す 3 通りに分類でき，それぞれの特徴を以下に記す．

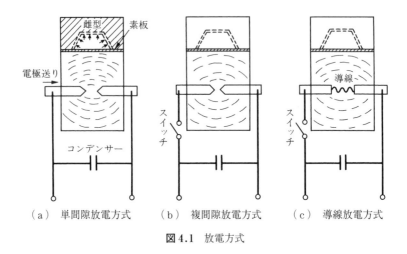

（a） 単間隙放電方式　　（b） 複間隙放電方式　　（c） 導線放電方式

図 4.1　放電方式

（1）　単間隙放電方式：コンデンサーに所要電圧を充電した後，電極を自動送りして放電させる方式で，複間隙のようにスイッチ（起動間隙）の損失や，導線放電のように導線の溶断に要するエネルギー損失がなくて効率は良い．しかしながら放電間隙が一定せず，出力もやや不安定になる欠点を有する．

（2）　複間隙放電方式：放電間隙を一定にするので，出力はやや低下するが不安定である．しかしながら間隙は狭いので，特に電圧の低い場合には間隙の調整は難しくなる．

（3）　導線放電方式：電極間に導線を通して放電させる方式は，その導線を溶融気化させるために相当のエネルギーが消費されるが，その後広い一定の間隙に安定したアーク放電が持続する．また数千ないし数万 V の高電圧で放電する場合でも，両電極間にかかる電圧は低いので放電室と

4.1 放電成形の概要

の絶縁が容易になり，装置の設計も容易になる．

成形方式としては，液中放電によって生ずる衝撃波と圧力波（4.3.3項に詳細記述）を直接利用して成形する方法と，これをピストンの高速運動に変換して板またはバルクの成形に利用する方法がある．図4.2は前者の方法（直接法）で板または管のバルジ成形例の模式図を示したもので，同図（a）および図（b）は開放型，図（c）は密閉型方式である[4]．図4.3は後者のピストン法の成形方式[5],[6]を示したもので，同図（b）の方法によれば，ピストンの運動エネルギーを利用して，高速鍛造，粉末成形にも利用できる．

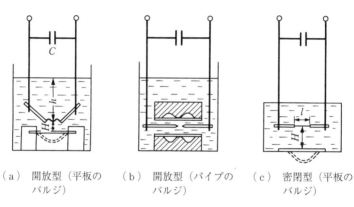

（a）開放型（平板のバルジ）　（b）開放型（パイプのバルジ）　（c）密閉型（平板のバルジ）

図4.2 成形方式（直接法）

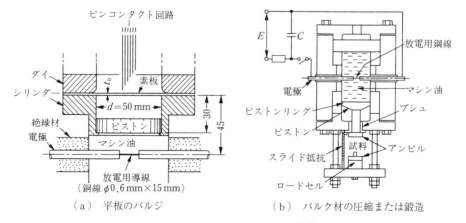

（a）平板のバルジ　　　　　　（b）バルク材の圧縮または鍛造

図4.3 成形方式（ピストン法）[5],[6]

液中放電成形におけるエネルギー効率はきわめて低いが，出力に影響する因子[7]は図 4.4 のように，① 電極間条件，② 放電条件，③ 回路条件，④ 放電槽の形と成形方式などが考えられる．

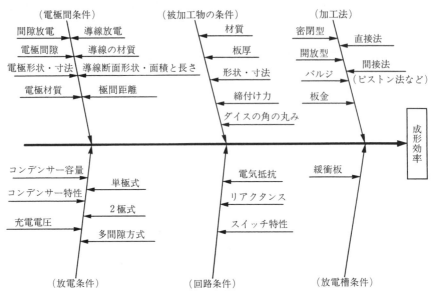

図 4.4　成形効率に及ぼす諸因子[7]

4.2　放電現象の基礎

4.2.1　放　電　現　象[8]

放電成形や放電加工は放電現象を応用したものであるが，前者は放電時の衝撃圧力発生現象を，後者は放電による電極部消耗現象を利用したものである．液体中に設けた電極間への衝撃大電流放電による液中放電現象は，電極間隙の絶縁破壊，あるいは細線爆発，衝撃圧力波の発生，さらにガス体の運動など複雑な現象を示す．

放電現象は大きく分類すると図 4.5 に示すようにコロナ放電，火花放電，グロー放電，アーク放電に分けられる．コロナ放電は針対平面電極に高電圧を

4.2 放電現象の基礎

印加する場合のように,電極間の電界分布がきわめて不均一なとき,電界の集中部より電離が生じて絶縁が破れる局部破壊の放電形態である.グロー放電は低圧ガス中で安定して維持されやすい放電で,ネオンランプに代表されるように,電極間の全長で絶縁が破られる全路破壊の放電形態である.グロー放電から放電電流を増加していくとアーク放電に移行するが,このアーク放電はグロー放電と同じく全路破壊の放

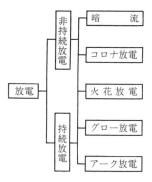

図4.5 放電現象の分類

電で,その後電流を増加してもほかの放電形態に移行しない最終的な放電形態である.

グロー放電とアーク放電との境界を電流,電圧の大小によって明確にすることはできないが,一般にグロー放電は電流値が小さく,放電電圧の高い場合に,アーク放電は比較的大電流で電圧が低い場合の放電形態である.またコロナ放電,グロー放電,アーク放電は条件が整えば連続的に維持できる放電形態であるが,火花放電はコロナ放電からグロー放電,またはアーク放電に移行するごく短時間に生ずる過渡的な絶縁破壊過程の放電である.すなわち,局部破壊の状態から電極間の絶縁性が完全に破壊され全路破壊に至るごく短時間(10^{-7}s以下)の過渡的な放電形態が火花放電であり,この火花放電の作用は**図4.6**に図解するようにおもに熱的作用と機械的作用に分けられる.

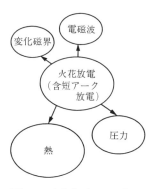

図4.6 火花放電による作用

これらの放電現象のうち,工業的な応用に供される放電形態は,大部分アーク放電であり,アーク炉,アーク溶接,高圧水銀灯,放電加工,放電成形など数多く存在する.このうち,放電加工や放電成形は火花放電ならびにそれに続く過渡的なアーク放電の際に放出されるエネルギーを利用したもので,放電加

工は液体中のきわめて短い電極間でアーク放電を繰り返し行い，放電による微小な電極消耗の積み上げにより加工が進行する加工法で，放電成形は衝撃大電流過度アーク放電により電極間に高温，高圧蒸気が発生し，この放電柱の膨張のため生じた衝撃的圧力波を被加工物に負荷して高速変形を行う加工法である．

衝撃大電流放電を液体中で発生させるには，コンデンサーに蓄えた電気エネルギーを液体中の電極間に瞬時に放出すればよいが，このとき電極間に金属細線を接続すると放電の開始が安定し，電極間隙が比較的長い場合でも放電を発生させることが可能であるとともに，金属細線の爆発により衝撃圧力波が有効に発生する．したがって，放電成形では電極間隙に金属細線を接続した形式，導線放電が通常行われる．

4.2.2 放 電 回 路[9),10)]

放電成形装置に用いる放電回路の基本は図4.7に示すように，等価的に抵抗R，インダクタンスL，静電容量Cの直列回路とみなすことができる．この回路の放電特性はつぎのように考えられる．いま，充電電圧がV_0で電極間隙Gが存在しないとき（電極間を十分に太い導線で短絡した状態）にスイッチSを閉じて放電する場合，回路に流れる電流について式（4.1）が成立する．

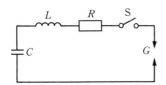

C：コンデンサ容量，L：インダクタンス，
R：抵抗，S：スイッチ，G：スパークギャップ

図4.7 放電回路

$$L\frac{di(t)}{dt} + R \cdot i(t) + \frac{1}{C}\int i(t)dt = 0 \qquad (4.1)$$

ここで，R, Lは厳密には時間の関数であるが，近似的に一定とし，また放電成形用回路において成り立つ条件$R^2 \ll 4L/C$の下に初期条件を考慮して上式を解くと

4.2 放電現象の基礎

$$i(t) = \frac{V_0}{\omega L} \varepsilon^{-\delta t} \cdot \sin \omega t \tag{4.2}$$

となる. ただし

$$\delta = \frac{R}{2L}, \qquad \omega_0 = \sqrt{\frac{1}{LC}}, \qquad \omega = \sqrt{{\omega_0}^2 - \delta^2}$$

である.

この電流 $i(t)$ は減衰振動性で，その最大値および最大値に達するまでの時間 t_m はそれぞれ次式で与えられる.

$$I_m = \frac{V_0}{\sqrt{L/C}} \varepsilon^{-(\delta/\omega) \cdot \theta}, \qquad t_m = \frac{\theta}{\omega} \tag{4.3}$$

ただし，$\theta = \cot^{-1}(\delta/\omega)$ である.

特に，$R^2 \ll 4L/C$ のとき I_m, t_m は次式のようになる.

$$I_m \fallingdotseq V_0 \sqrt{\frac{C}{L}}, \qquad t_m = \frac{\pi}{2}\sqrt{LC} \tag{4.4}$$

この場合，回路のインダクタンス L，および抵抗 R は次式で与えられる.

$$L \fallingdotseq \frac{4{t_m}^2}{\pi^2 C}, \qquad R = \frac{2L}{T} \cdot \ln A \tag{4.5}$$

ただし，A は電流波形の第一半波と第三半波の振幅比であり，T は周期（近似的には $4t_m$ と考えてよい）である. 放電成形装置の L, R は小さいのが望ましいが，実際には μH，mΩ のオーダーである.

また，$V_G(t)$ を電極間電圧，$V_0(t)$ をコンデンサー端子電圧とすれば次式が得られる.

$$V_G(t) = V_0(t) - R \cdot i(t) - L \cdot \frac{di(t)}{dt}, \qquad \frac{dV_0(t)}{dt} = -\frac{i(t)}{C} \tag{4.6}$$

つぎに間隙放電の場合，図 4.7 の等価回路において時刻 t_0 にスイッチを閉じると電極間 G に充電電圧 V_0 が印加され，この状態がしばらく続く. この間電流は流れない. その後時間 t_s で電極間の絶縁が破壊され，電極間に減衰振動性電流ならびに各半波においてほぼ一定な電圧を示す過渡アーク放電が発生

する．**図 4.8** に間隙放電の電流・電圧波形を示す．充電電圧は電流波形に大きく影響を与え，その関係を**図 4.9** に示す．電流の立上り $\dot{I}\,[(di(t)/dt)_{t=0}]$ および最大電流値 I_m は充電電圧の上昇に伴い大きくなるが，充電電圧がある値以上大きくなると一定値に近付く傾向を示し，むやみに充電電圧を大きくしても損失が増えるばかりである．また電圧波形は，電極間隙が一定であれば充電電圧の増加に対して電圧の絶対値は変化せず，その半波数が増大するだけである．

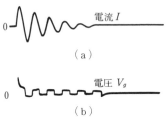

7 700 A/div　4 320 V/div　50 µs/div，充電電圧：8kV，コンデンサー容量：10 µF

図 4.8　電流・電圧波形（間隙放電，電極間隙 2 mm）

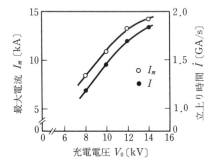

図 4.9　最大電流値，電流の立上り時間と充電電圧との関係（コンデンサー容量：10 µF，電極間隙：2 mm）

導線放電の場合，電極間に接続された金属細線にエネルギーが投入されると，金属細線はジュール加熱され爆発に至る．すなわち固体から液体，さらに気体へと状態変化し，電流，電圧はこの金属細線の相変化に伴い不連続点を生ずる．導線放電における典型的な電流・電圧波形を**図 4.10** に示す．相変化による不連続点を a, b, c, d, e にて示し，それぞれ放電の開始，溶融の終了，蒸発の開始，終了および再放電に伴う波形の変化を示す．一般に，電圧は放電開始後数 µs まではあまり上昇せず，その後不連続的に上昇した後急激に上昇しピーク値に達したら急激に減少する．一方，電流は電圧が急激に上昇し始める付近まで連続的に上昇した後，数 µs 間緩やかに上昇を続け，その後電圧の不連続点に対応した点で傾きを変えながら減少する．

電流，電圧に生ずる不連続点は放電条件の影響を受けるが，四つのタイプに

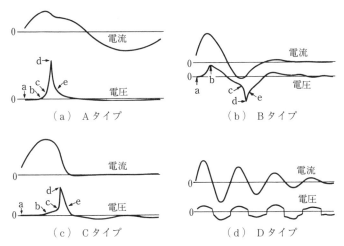

Aタイプ（7 700 A/div, 4 320 V/div, 5 µs/div, 銅細線, 線径 0.3 mm, 線長 20 mm, 充電電圧 14 kV, コンデンサー容量 10 µF）
Bタイプ（3 840 A/div, 2 160 V/div, 10 µs/div, タングステン細線, 線径 0.4 mm, 線長 20 mm, 充電電圧 8 kV, コンデンサー容量 10 µF）
Cタイプ（1 540 A/div, 4 320 V/div, 5 µs/div, 銅細線, 線径 0.2 mm, 線長 20 mm, 充電電圧 4 kV, コンデンサー容量 10 µF）
Dタイプ（3 840 A/div, 2 160 V/div, 20 µs/div, アルミニウム細線, 線径 0.6 mm, 線長 20 mm, 充電電圧 6 kV, コンデンサー容量 10 µF）

図 4.10　導線放電における電流・電圧波形

大別される．すなわち，図 4.10（a）に示すように金属細線の溶融，蒸発が電流の第一半波以内で終了し，その後再放電が発生しているタイプ（Aタイプと呼ぶ），同図（b）のように細線の溶融に関する波形の変化 b は電流の第一半波に現れるが，蒸発および再放電に関する波形の変化 c, d, e は第二半波に現れるタイプ（Bタイプ），同図（c）のように蒸発までの波形の変化は A 型と同じであるが，その後再放電せず，電流波形はただちに消弧し，電圧波形は残留電荷を示すタイプ（Cタイプ），および同図（d）のように細線が完全に溶融しないタイプ（Dタイプ）に分けられる．

Bタイプは充電エネルギーが大きくなるとAタイプあるいはCタイプに移行し，Cタイプは蒸発によって電極間隙に生成された金属蒸気が電離に必要な

電圧を得られなかった場合に生じ,充電エネルギーが増加するとAタイプに移行する.Dタイプは金属細線を溶融,蒸発させるのに十分なエネルギーがない場合に見られ,充電エネルギーが大きくなるとCタイプを経てAタイプへと移行する.

つぎに,図4.10に示した金属細線や放電条件が波形に及ぼす影響を**図4.11**および**図4.12**に示す.図4.11は充電電圧を変化させた場合であるが,充電電圧の上昇に伴い電流の立上りが大きくなり,金属細線の蒸発および再放電に伴う波形の変化が明瞭に現れ,かつその発生時間が早くなる.また,蒸発の完了に伴って現れる電圧が高くなるとともに過渡アーク放電における電流値が大きくなる.充電電圧を一定にして線径のみを変化した電流・電圧波形を図4.12に示す.線径によって放電初期における電流の立上りは変化せず,また線径が

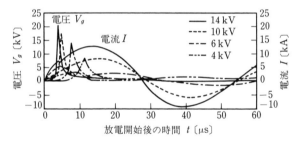

図4.11 電流・電圧波形に及ぼす充電電圧の影響(アルミニウム細線,線径0.2 mm,線長20 mm,コンデンサー容量10 μF)

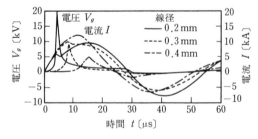

図4.12 電流・電圧波形に及ぼす金属細線線径の影響(アルミニウム細線,線長20 mm,充電電圧12 kV,コンデンサー容量10 μF)

細くなるに従って放電の各過程に伴う波形の変化が明瞭に現れ，かつその発生時間が早くなるとともに，蒸発の完了に伴って現れる電圧が高くなる．

電極間抵抗の変化を図4.13に示すが，電極間抵抗は充電電圧が変化しても初期には一定値を保ち，次第にその値は増加する．例えば充電電圧1.6kVの場合（Aタイプの電流・電圧波形）抵抗は15μs付近より増加し，電圧波形の不連続点に対応して折れを生じ，そのときの抵抗もほぼ一定値をとる．その後抵抗は急激に増加し，電圧がピークになった時点で不連続となり，増加の割合は一時的に減少する場合もあるが，再び急激に増加する．なお，この場合の抵抗値もほぼ一定の値をとる．タイプB，Cに属する電流・電圧波形も電圧がピークに達するまではタイプAと同じ傾向の抵抗変化を示すが，ピーク後は抵抗値は減少する傾向にある．

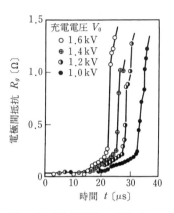

図4.13 電極間抵抗の変化（アルミニウム細線，線径0.3 mm，線長25 mm，コンデンサー容量120 μF）

放電が開始されると，電極間には電気エネルギーが放出され金属細線は爆発に至る．放電後の時刻 t における電力 $W_g(t)$ およびこの時刻までに放出されるエネルギー $E_g(t)$ は電流値，電圧値をそれぞれ $i(t)$, $v(t)$ とすると

$$W_g(t) = i(t) \cdot v(t), \qquad E_g(t) = \int_0^t W_g(t) dt \tag{4.7}$$

で示される．

図4.14に金属細線材質，線径，線長を一定にして充電電圧を変化させた場合の電圧波形および放出エネルギーの時間的変化を示す．導線放電の場合，電力のピークは金属細線の蒸発終了時に生じる．すなわち，エネルギーはこの前後において最も急激に放出される．また，充電電圧の増大に伴い，電極間隙に放出されるエネルギーの立上りは大きくなる．図4.15に充電電圧を一定に保ち，線径の影響を示すが，金属細線の蒸発終了までの過程において線径が細く

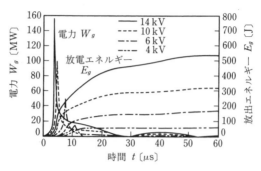

図 4.14 電力,放出エネルギーに及ぼす充電電圧の影響(アルミニウム細線,線径 0.2 mm,線長 20 mm,コンデンサー容量 10 μF)

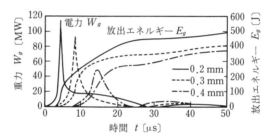

図 4.15 電力,放出エネルギーに及ぼす金属細線線径の影響(アルミニウム細線,線長 20 mm,充電電圧 12 kV,コンデンサー容量 10 μF)

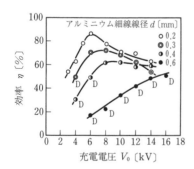

図 4.16 充電エネルギーの電極間への変換効率と充電電圧,金属細線線径の関係(アルミニウム細線,線長 20 mm,コンデンサー容量 10 μF)

なるに従って,エネルギーがより急激に放出される.なお,金属細線が蒸発する場合,その変化が現れる半波が終了するまでに全放出エネルギーの 60% 以上が電極間に放出される.充電エネルギーの全放出エネルギーの変換効率を図 4.16 に示す.図中添字 D は D タイプの電流・電圧波形を生じた場合に示す.この効率は成形効率とも密接な関係を持つが,最高効率を示す充電電圧が必ず存在

する．比較的低い充電電圧の場合には，線径が細いほど効率は良いが，充電電圧が高くなると最高効率を示す線径は太い方へ移行する．また，この効率は10 ～ 90%（金属細線が蒸発する場合には50 ～ 90%）と放電条件の影響を大きく受ける．

4.2.3 放 電 圧 力[11)

衝撃大電流放電により，コンデンサーに蓄えた電気エネルギーを電極間に放出すると，電極間の金属細線はジュール加熱され，前項で述べたように溶融点に達する．溶融した金属細線は慣性や磁場によるピンチ効果のために短時間その形状を保持するが，流れ続ける電流により急激に蒸発し，高温・高圧ガスを発生すると同時に衝撃圧力波を発生する．その後，この高温・高圧ガスは膨張を始め，ついには過膨張した状態となる．ガス体内部の圧力が周囲媒体に比べ低圧になると，ガス体は収縮を始め内部圧力を高めつつ収縮し，ついには高圧力となり再び膨張運動に転ずる．このような膨張・収縮運動を繰り返しながら，ガス体はエネルギーを失い，ついには崩壊するが，ガス体が収縮から膨張あるいは崩壊するときにも衝撃圧力波を発生する．

このようにガス体が自由運動するときには衝撃圧力波はつぎつぎに発生するが，通常金属細線爆発時に発生する衝撃圧力波を第一次圧力波，それに続くガス体の膨張，収縮，崩壊により発生する衝撃圧力波を第二次圧力波，第三次圧力波と呼ぶ．

図 4.17 に測定された衝撃圧力波を示す．この衝撃圧力波は鋭い三角形状を示し，その立上り時間は数 µs，継続時間は数～十数 µs である．また，先にも述べたように衝撃圧力波（第一次圧力波）は

（1） 固体の金属細線が融点に達し，液体へと変化する過程

（2） 溶融金属細線が沸点に達するまでの過程

（3） 沸点を維持しながら蒸発する過程

を経て発生するが，投入エネルギーのうち蒸発開始から終了までに投入されたエネルギーが衝撃圧力波を発生するのに重要な因子となる．

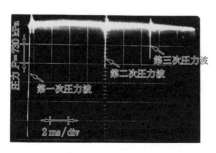
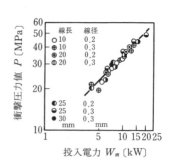

図 4.17 細線爆発ならびにガス体の運動により発生する衝撃圧力波（アルミニウム細線，線長 20 mm，線径 0.3 mm，充電電圧 6 kV，コンデンサー容量 10 μF）

図 4.18 最大衝撃圧力値とアルミニウム細線の蒸発過程に投入された平均電力との関係

図 4.18 に最大衝撃圧力値とアルミニウム細線の蒸発過程に投入されたエネルギーとの関係を示すが，対数値で表した両者の関係は直線関係にあり，蒸発開始から終了までの投入エネルギーによりおおよその衝撃圧力値を推定できる．

衝撃圧力波発生の初期においては，金属蒸気が半径方向に円筒状を保ちながら急激に膨張し，その膨張に伴い圧縮波が形成される．この圧縮波も円筒波と仮定し，金属蒸気の膨張速度 v_c と圧縮波先端直後の質量移動速度 v_f との関係は r_c, r_f をそれぞれ金属蒸気の半径，圧縮波先端の半径とすると $v_c = (r_f/r_c)\cdot v_f$ となる．また，r_0 を蒸発開始前の金属細線の半径，σ' を流体の圧縮比（ρ_0 を液体の最初の密度，ρ_f を圧縮波先端の密度とすると $\sigma' = \rho_f/\rho_0$）とすると $\pi(r_f^2 - r_0^2) = \sigma' \cdot \pi(r_f^2 - r_c^2)$ が得られる．

したがって，金属蒸気の膨張速度 v_c と圧縮波先端の速度 v_s との間には次式が成り立つ．

$$v_c = r_c \sqrt{\frac{\sigma' - 1}{\sigma' r_c^2 - r_0^2}} \cdot v_s \tag{4.8}$$

さらに，v_c は次式のようにも表される．

$$v_c = \frac{1}{r_c} \sqrt{\frac{\sigma' r_c^2 - r_0^2}{\sigma' - 1}} \cdot v_f \tag{4.9}$$

いま，P_r を中心から r の距離の圧力とし，P_f を圧縮波先端の圧力，ρ_f を圧縮波先端における密度とし，上式を運動方程式に代入すると次式を得る．

$$\frac{P_r}{\rho_f} = \frac{P_f}{\rho_f} + v_f \cdot v_s \cdot \log_e \frac{r_f}{r} + \frac{1}{2} v_f^2 \left[1 - \left(\frac{v_f}{r}\right)^2\right] \tag{4.10}$$

これから金属蒸気の圧力 P_G は次式のように求められる．

$$P_G = P_f \left[1 - \frac{1}{2}\left\{\frac{\sigma'}{\sigma'-(r_0/r_c)^2}\right\}^2 \left\{1-\left(\frac{r_0}{r_c}\right)^2\right\}\right.$$
$$\left. + \frac{1}{2}\frac{\sigma'^2}{\sigma'-(r_0/r_c)^2} \log_e \frac{\sigma'-(r_0/r_c)^2}{\sigma'-1}\right] \tag{4.11}$$

図 4.19 に充電エネルギー 117.6 J で線径 0.2 mm，線長 20 mm のアルミニウム細線を爆発させた場合の，爆発直後に形成された圧縮波のプロフィールを示すが，この圧縮波の速度が各点で異なっているため，つぎの瞬間には衝撃的圧力波を形成する．

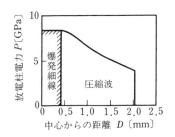

図 4.19 細線爆発時の放電柱圧力プロフィール（アルミニウム細線，線径 0.2 mm，線長 20 mm，充電電圧 1.4 kV，コンデンサー容量 120 μF）

図 4.20 に金属細線爆発時に発生するガス体の挙動を示す．細線爆発時に生成するガス体は初期には細線の形状に準ずるが，その後球状に膨張し，最大半径に達した後収縮運動を行う．このとき，重力場の影響を受けて非対称な運動をする場合もある．最小収縮状態に達したとき，ガス体は再膨張に転ずるが，この反転時に内部蒸気の圧縮に基づく衝撃的圧力波を発生する．このガス体の運動により発生する衝撃的圧力波は，細線爆発時に発生する圧力波に比べると，その形状は同じような三角波であるが，圧力波の立上りはやや緩やかで，維持時間もやや長くなる．ガス体の運動は投入エネルギーや放電条件により影響を受ける．ガス体半径ならびに脈動周期は投入エネルギーが大きくなるにつれて大きくなる．また，脈動周期が長いほどガス体の内部エネルギーが大きく，再膨張時に発生する衝撃圧力波も大きくなる．**図 4.21** にその関係を示す．

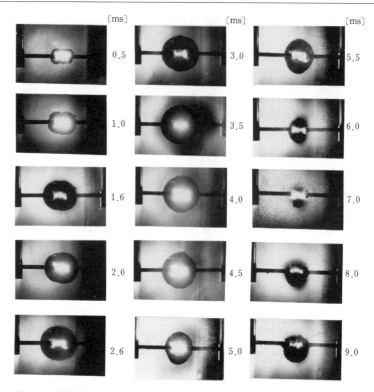

図 4.20 爆発時に発生するガス体の挙動（アルミニウム細線，線長 25 mm，線径 0.3 mm，充電電圧 900 V，コンデンサー容量 120 μF）

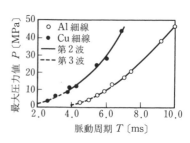

図 4.21 発生圧力値とガス体の脈動周期との関係

ガス体の運動と反転時の衝撃圧力波との関係を山田ら[12)]は，流体内の圧力分布を最大膨張に達したのちのガス体の運動から解析し次式を得ている．

$$P = P_\infty + \rho_\infty \left[\frac{1}{r} \left\{ 2R \left(\frac{dR}{dt} \right)^2 + R^2 \frac{d^2 R}{dt^2} - \frac{1}{2} \frac{R^4}{r^4} \left(\frac{dR}{dt} \right)^2 \right\} \right] \quad (4.12)$$

ここで，Pはガス体表面での圧力，P_∞，ρ_∞はそれぞれ無限遠での流体圧力および密度，rはガス体中心からの距離，Rはガス体の半径，tは時間である．

細線爆発時に発生する衝撃圧力波の形状や圧力持続時間などは放電条件の影響を受けるが，鋭いピークを持つ衝撃圧力波を得るためには，放出エネルギーの立上り時間を短くし，細線爆発をできるだけ早く完了するＡタイプの放電特性を持つ放電回路を設計する必要があり，回路のインダクタンス，抵抗を極力小さくし，放電装置全体の固有振動数を小さく設計することが望ましい．

4.3 放電圧力を利用した塑性加工

本節では前節までに示した理論を応用し，発生した放電圧力を利用して板，管，バルクあるいは粉末などを対象にした塑性加工技術の展開を示す．

4.3.1 板または管材の成形

成形方式の概略についてはすでに 4.1.2 項に示したので，本項では具体的にその特徴を示す．また管材の成形は，平板の成形に準ずるものとしてここでは省略し，おもにアルミニウムの板材の自由バルジ成形を例にして示すことにする．

〔1〕 **直接法による自由成形** [13)]

図 4.22 は放電室断面および回路図を示したもので，単純な RC 回路になっており，導線放電方式となっている．ここでは，図 4.2（ c ）の密閉型内での素板の自由成形を行い，コンデンサーの大小の影響，ダイス直径の影響，形状・ひずみ分布などについて静的液圧バルジ試験と比較して放電成形の特徴を示すことにする．

直接法による成形は，その発生圧力の分布状態が成形状態に大きく影響 [4)] する．**図 4.23** は基準ダイス直径（$d = 50\,\mathrm{mm}$）範囲内での小孔部（直径 2.5 mm）における薄板（$t_0 = 0.5\,\mathrm{mm}$）の張出し高さを示したもので，その高さ分布は圧力分布に相当する．その結果，電極方向と直角方向では差はない

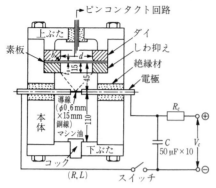
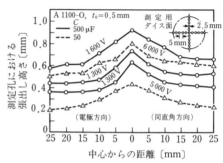

図 4.22 放電室断面および回路図 [13]

図 4.23 直接法における圧力分布 [13]

が，中心部の圧力が高いピラミッド型になる．この場合，図 4.2（c）に示した放電点と素板間距離 H は，$H=\sqrt{3}/2\cdot d$ と放電点を中心に正三角形位置での圧力分布で，これから遠ざかると圧力分布は静的な場合のようにより均一になるが，成形高さは減少して出力効率は低下する．

図 4.24 はコンデンサー容量 C を変え，さらに充電エネルギー $W_c=1/2\cdot CV_c^2$ を変化させた場合の成形高さ h を示したもので，各曲線の $h=0$ の点におけるエネルギー W_0 は導線の溶断までに要するエネルギーに相当し，図 4.1（c）に示した導線放電方式によるエネルギー損失として現れる．その損失は容量 C が大きいほど小さくなり，同じ充電エネルギーでは成形高さは大となって効率が良くなる傾向にある．

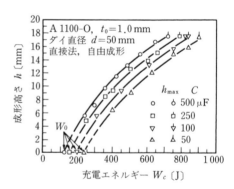

図 4.24 充電エネルギーと成形高さの関係 [13]

放電成形においては圧力媒体の液体と素板の運動エネルギーで成形されることになるので，その成形速度は圧力分布とともに成形状態に影響する．その速

4.3 放電圧力を利用した塑性加工

度の測定は高電圧ゆえにノイズが入りやすく困難であるが,比較的簡単なピンコンタクト法[14]（図4.22参照）が用いられている.

図4.25は成形中素板が細いピン（銅線直径0.28 mm）にコンタクトした時間をプロットしたもので,成形速度は$dh'/d\tau$となり,S字形の曲線を示して成形中期に最大速度となる.なお,成形開始時間τ_0は充電エネルギーが小さくなると遅れるが,成形終了までの成形所要時間τ_fはほぼ一定な値となる.そこで,平均成形速度$\bar{v}_h$を$\bar{v}_h = h/\tau_f$とし,成形高さhとともに実効充電エネルギー（$W_c - W_0$）の関係でまとめ,ダイス直径の影響も併せて**図4.26**に示す.同図によると$\bar{v}_h$およびhは（$W_c - W_0$）との両対数間で比例し,式（4.13）および式（4.14）が成立する.

$$h = k_h(W_c - W_0)^m \tag{4.13}$$

$$\bar{v}_h = k_v(W_c - W_0)^m \tag{4.14}$$

ここで,係数k_hおよびk_vは定数で素板の板厚と種類,ダイス直径などによって変化するが,同じ条件下では指数mの値は両式で同値となる.すなわち,両式から成形所要時間τ_fは式（4.15）に示すように一定値となり,同じ

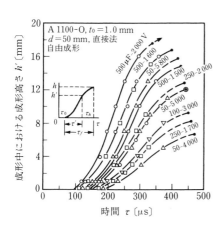

図4.25 ピンコンタクト法による成形速度の測定例[13]

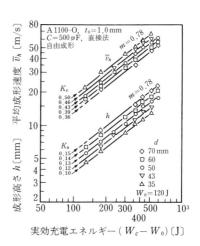

図4.26 充電エネルギーと成形高さおよび平均成形速度に及ぼすダイス直径の影響[13]

材料および成形条件ならば充電エネルギーを変えても τ_f が一定となる.

$$\tau_f = \frac{h}{\bar{v}_h} = \frac{k_h}{k_v} \tag{4.15}$$

したがって，本成形法による自由バルジ成形では任意の h に成形する場合，$\bar{v}_h = h/\tau_f$ として一義的に定まることになる．換言すると成形速度を変えて同じ成形高さに成形することは不可能であることを意味する．また，材料を変えた場合，一般的傾向として被成形材の変形抵抗が大きいと τ_f は減少し，同じ h に成形するためには $\bar{v}_h$ を増加させる必要がある．

〔2〕 **ピストン法による自由成形**[5]

圧力分布の均一化と成形速度の変化を計るため，素板と放電点間にダンパーとしてピストンを挿入し，この高速ピストンの運動エネルギーを介した間接的な成形法は，先に図 4.3 に示したピストン法と称される．直接法では放電点を中心とした球面状に圧力が作用するので中心部の圧力は高くなるが，ピストン法では**図 4.27** に示すように圧力は均一化する．また，同一充電エネルギーで直接法の場合（図 4.23 参照）に比較しても微小孔の平均張出し高さはほぼ等しく，エネルギーの損失は少ない．

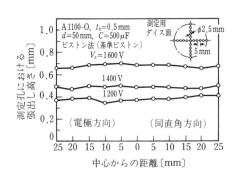

図 4.27 ピストン法における圧力分布

つぎに直接法の場合と同様にピンコンタクト法による成形速度の測定例が**図 4.28** に示されているが，ピストン質量が軽いテフロン製（重量 0.02 kgf）の場合には直接法の場合（図 4.25 参照）と同様に S 曲線となる．しかしながら鋼製のピストン（基準ピストン重量は 0.16 kgf）を使用すると成形開始時間は遅れるが，等速度で成形される．なお，同じ鋼製でも重いピストン（重量 0.23 kgf）を使用すると成形速度は遅くなるが，図 4.22 に示した放電点を中心とした破線内の加工液も含めた運動エネルギーを求めるといずれも等しくな

4.3 放電圧力を利用した塑性加工

る．したがって，成形速度を変えるには加工液の比重およびピストン重量を変えることによって達成される．

一方，ピストン法による圧力の均一化は成形したバルジの形状とひずみ分布にも効果が現れ，ひずみ分布がより均一化して成形限界高さも増加する．バルジ頂点部に着目し，その曲率半径（**図4.29**参照）と板厚ひずみ（**図4.30**参照）を見ると各成形法による特性および材料

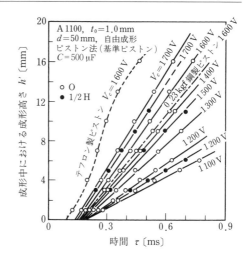

図4.28 ピンコンタクト法による成形高さとの時間の関係（ピストン法）

特性が端的に示されている．すなわち，同じ成形高さで比較するとピストン法の曲率半径は大きく，ひずみが小さくなる．また図4.30の結果から材料の破断ひずみは高速成形の方が多少増加し，ひずみ分布がより均一化されることによって成形限界が向上することが放電成形の一つの特徴でもある．

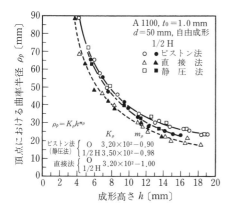

図4.29 成形後のバルジ頂点部の曲率半径

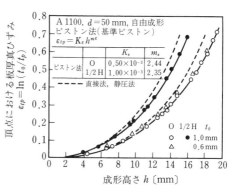

図4.30 成形後のバルジ頂点の板厚ひずみと成形高さの関係

〔3〕 直接法による型成形・衝撃圧力波の制御と成形性の向上

　直接法に基づく型成形では，これまで各種材料の円筒深絞り[15)～17)]，正四角筒深絞り[18),19)]，石膏型を用いた義歯床成形[20)]などが行われている．また，ブランクに作用する衝撃圧力波の分布形状によって，その後の変形モードは異なることが知られており，その制御法が提案されている．ここでは，結石破砕技術として応用されている水中衝撃波フォーカッシング法[21)]の実験手法を応用した，ブランクに作用させる衝撃圧力波の分布形状を制御する方法が提案[22)]され，動的有限差分法に基づく変形シミュレーションとの比較を含む系統的な研究[23)]が行われている．

　なお，密閉型と開放型で，一般に主因子が異なる．前者では，4.2.3項で言及した，第一次圧力波としての水中衝撃波よりもむしろ，導細線の溶融・爆発に伴い，生じる急速なガス膨張に伴う流動効果による第二次圧力波が支配的な役割を担う．これは，密閉容器の形状・寸法に大きく依存する．図 4.31[24)]では，シュリーレン撮影の関係で開放型での自由張出し成形を対象としている．水中衝撃波が成形部に到達したほぼ同時刻より，素板の張出し変形が開始しており，約 60 µs 遅れてガス膨張が発生している．さらに，成形が完了（440 µs）

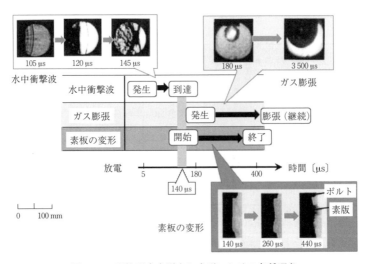

図 4.31　開放型自由張出し成形における各種現象

した時点で，まだガス膨張は継続している．

〔4〕 マイクロ板材加工への適用

高ひずみ速度条件下での飛躍的な延性発現[27]と優れた転写性を有効活用することで，数十～サブマイクロメートルオーダーの成形・加工が可能になる[27]．この優れた延性向上は，素板の高速運動に伴う慣性力[25]，あるいは高ひずみ速度下（特に FCC および HCP 金属）での加工硬化率上昇[26]に基づく，変形局所化の抑制機構によるものと考えられている．

円筒型マイクロ張出し成形例[26]を図 4.32 に示す．ここでは，雌型の作製に FIB（集束イオンビーム）による加工法を援用した．サブミリオーダーの成形では，型内の充填体積が小さいため，成形圧力に比べて空気の体積粘性抵

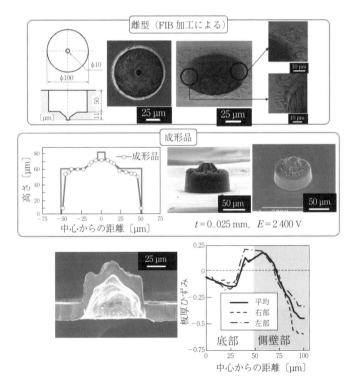

図 4.32 円筒型マイクロ張出し成形例（底部穴付き）：形状，断面図と板厚分布

抗，すなわちエアクッション効果は，通常サイズの成形時に比べ相対的に小さい．したがって，少なくとも型内の直接的な減圧は不要となる．雌型の直径は100 μm（0.1 mm）である．この寸法域になると，「張出し」変形モードに必要な板材の板厚は数十 μm のオーダーとなる．これは箔と呼ばれる領域となり，板厚と成形型寸法が同オーダーとなる．成形品を FIB で切断して観察した結果を図に示す．同図からわかるように，型入り口の肩部で大きなせん断変形が生じており，ほとんど「打抜き」加工の状態となっている．圧力条件を変化させると，後述の穴あけ加工となる．逆にいえば，この状態に至るまで，素材が破壊することなく成形することができることになる．また，成形品の頭部を，雌型底部中央部の凸型部の成形と考えると，直径 30 μm 程度の張出しも可能であることが示唆される．一方，雌型底部を平坦形状とし，同角部への充填性を高めることを目的に，**図 4.33** に示すような溝部を設けた場合の成形例を同図中に示す．雌型底部の表面に存在する数マイクロメートルオーダーの微細な凹凸すらも，成形品側に良好に再現されていることがわかる．

さらに型張出し成形における成形限界点を調べた例として，190 μm×190 μm で高さ 38 μm の，ビッカース圧痕を利用した四角錐（ピラミッド）形

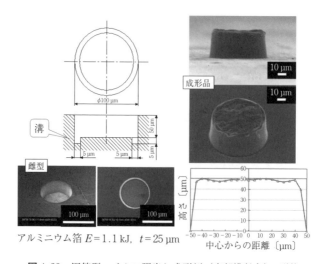

図 4.33 円筒型マイクロ張出し成形例（底部溝付き）：形状

状の雌型を用いた例を図4.34に示す．ここでは，充電エネルギー $E=560\,\mathrm{J}$ において，先端部からわずか $3\,\mu\mathrm{m}$ の位置まで，ブランク材であるアルミ箔が破断することなく成形部が達している．すなわち，少なくとも約80％の充填率での張出し成形が可能であると判断できる．ほかにも，溝形状の型を用いた例も試みられている．

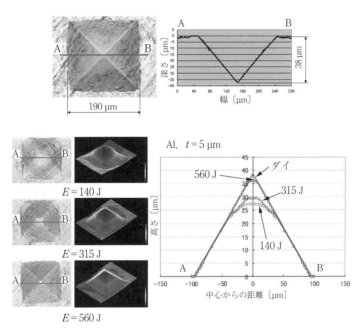

図4.34 マイクロ成形における成形性評価の例

以上のように，「張出し」モードのマイクロ成形には，素板となる板材（箔）の板厚選定という強い制約が存在するが，さらに型寸法を小さくすると，自然に転写加工の領域に遷移することになる．上記の成形例からも，優れた転写性がうかがえる．本法の有する優れた転写性に対しては，素板が高速度で雌型に押し付けられることによる慣性コイニング効果などが，その支配機構として提唱[27]されている．

図4.35に10円硬貨の表面のマイクロ転写加工例[27]を示す．平等院鳳凰堂

156   4. 放電成形

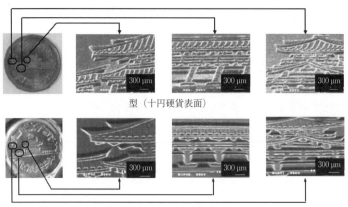

型（十円硬貨表面）

成形品，アルミニウム箔 t = 0.1 mm

図 4.35　マイクロ転写例（10 円硬貨表面）

が綺麗に転写されている様子が見て取れる．凹凸の深さは数十 μm であり，このオーダーの転写加工が可能であることがわかる．さらに微細な凹凸への転写可能性を調べるために，IC チップ表面への転写パソコン用 CPU の IC チップ表面を型として使用した場合の転写成形例[26]）を図 4.36 に示す．配線の幅は数十〜サブ μm に至っているが，同結果より，広範囲のサイズ域に対しての転写が可能であることがわかる．

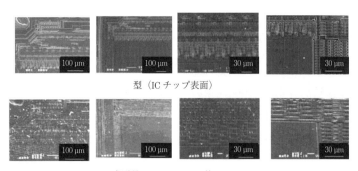

型（IC チップ表面）

成形品，アルミニウム箔 t = 0.1 mm

図 4.36　マイクロ転写成形例（IC チップ表面を型として使用）

さらに微細領域での転写加工性を調べるため，型として表面にホログラム加工が施された市販の下敷き（塩化ビニル製）を使用した場合の結果を図 4.37

4.3 放電圧力を利用した塑性加工　　　　　　　　157

型（塩化ビニル製下敷き）
塩化ビニル製＋ホログラム転写加工

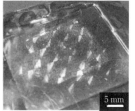
成形品（アルミニウム箔）
$t=0.1\,\mathrm{mm}$, $E=3\,000\,\mathrm{V}$

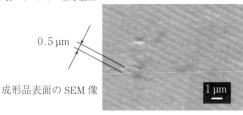
成形品表面のSEM像

図 4.37　マイクロ転写加工例：ホログラム模様を型として使用

に示す．これはアルミ箔上への転写加工例[27]であるが，型全面に対応する広範囲にわたって比較的均一な虹色発色が良好に再現される．成形品表面のSEM画像を併記しているが，この場合に使用されている約 0.5 µm 幅の回折格子が転写されていることが確認できる．特筆すべきは，雌型として使用した下敷きは金属ではないという点である．金属に限定せず，強度の低い材質であっても型として使用できるのも，本法の利点の一つである．

強度の低い材質の極端な例として，軟質な木の葉を型とすることも可能である．図 4.22 と類似の装置を用いて，放電による水中衝撃波の作用によって極薄の金属板（厚さ 50 µm の工業用純アルミ板）の成形を試みた例を図 4.38 に示す．同図に示すような，葉脈も浮き出た精密な成形品を得ることができている．爆薬を用いた爆発成形に関しても同様の試みが実施されているが，ここでは，ア

図 4.38　放電成形による薄板の成形例
（写真提供：熊本高専・西雅俊博士）

ルミ薄板上に木の葉を載せ，食品保存用のプラスチック容器に脱気封入した材料に水中衝撃波を作用させることにより成形を行った．なお，葉脈の凹凸はサブミリオーダーである．

以上示したマイクロ成形に対する結果を図 4.39 にまとめた．サブミクロンオーダーの転写加工から，サブミリのマイクロ張出し成形，さらにそれ以上の通常サイズの深絞り成形に至る，シームレスかつロバストな成形・加工が可能であることが改めて確認される．とりわけ本法では雄型（ポンチ）が不用であるため，マイクロ加工において一般に困難である位置決めや，雌型との間のクリアランス設定を一切必要としない，加えて同材質を金属，あるいは硬質材に限らない，簡便でかつきわめてロバストな方法であるといえる．

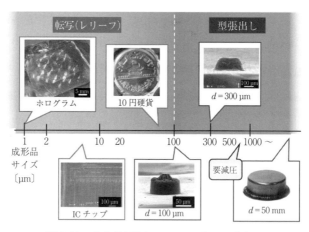

図 4.39　高ひずみ速度シームレス加工のまとめ

同法の他の応用例として，マイクロ穴あけ加工[27] がある．これは，上記のマイクロ張出し成形の延長線上にある．加工例を図 4.40 に示す．この利点を生かすことで，円形穴あけに限らず，四角穴や異形穴の穴あけ加工にも応用されている．通常のせん断加工に基づく方法に比べての特徴として，加工部形状の違い，すなわち，(1) だれが大きい，および (2) かえりがない，が挙げられる．また，だれの形状は，素材の加工硬化特性に強く依存する．これらの特徴は，基本的に，爆発成形法に基づく場合と同じである．

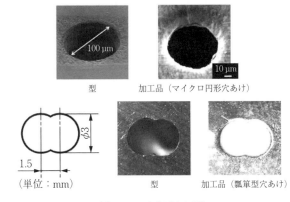

図 4.40　穴あけ加工例

4.3.2　バルク材の圧縮・鍛造[6]

放電圧力を直接利用してのバルク材の加工例は，現時点では見当たらないが，先に図 4.3（b）に示したピストンの運動エネルギーに変換し，そのピストンに連動した圧縮アンビルまたはパンチを用いることによって圧縮または鍛造が可能となる．この場合，4.3.1 項で示したピストン法でも明らかなように，ピストンとともに運動する物体の重量が大きいとその速度も低下するが，等速度で充電エネルギーの制御により比較的容易にその速度の制御が可能である．

図 4.41 はピストン速度（加工速度）が 20～40 m/s で六方晶系の金属を対象とし，単軸圧縮試験（ひずみ速度は $10^3\,\mathrm{s}^{-1}$ 程度）した場合の光学顕微鏡組織の変化を示したもので，バルク材を高ひずみ速度条件下で変形させると著しい場合には動的再結晶を起こし（同図（b）参照），等軸微細な再結晶組織が認められている．この場合，すべての金属が再結晶するものではなく，高ひずみ（換言すれば高ひずみ速度）で銅，7/3 黄銅，亜鉛などで観察され，加工軟化も認められている．また，同図（a）のチタンなどのように同一ひずみで高速圧縮した方が硬さが大で加工硬化度が大きくなる材料も認められている．このように加工硬化度が大きくなる材料は，ひずみが大になると脆性的に破壊するので，今後鍛造などに応用する場合には，被加工材の高ひずみ速度条件下の

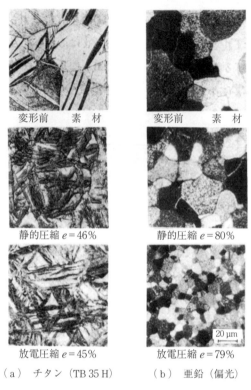

図 4.41　単軸圧縮試験前後の組織の変化（圧縮面）

特性を十分に理解しておく必要がある．

4.3.3 粉 末 成 形

高速度・高圧力を利用する爆発圧粉に関してはすでに 3.5 節に示したが，ここでは放電という現象を直接または間接的に利用した圧粉・焼結法を示すことにする．

図 4.42 は放電圧力を間接的に利用して粉末成形する方法[28]を示したもので，先に 4.3.2 項で示したピストン駆動方式による放電圧縮の試料の代わりに圧粉用パンチを衝撃的に打撃（数十 m/s オーダー）する装置である．この装置を用いて充電エネルギー E を変えて成形した圧粉体の相対密度 D（圧粉体

4.3 放電圧力を利用した塑性加工

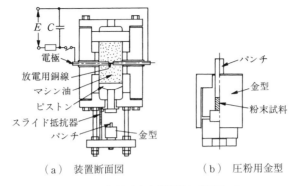

(a) 装置断面図　　(b) 圧粉用金型

図 4.42 放電圧力を間接的に利用して粉末成形する方法[28]

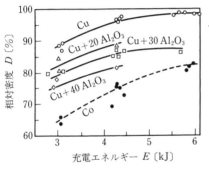

図 4.43 充電エネルギー E と相対密度 D の関係[28]

の密度／理論密度）の変化を示したもので，当然ながら E の増加とともにどの粉末も密度が増加し，Cu 粉の場合には最大 99% の圧粉体が得られている（**図 4.43** 参照）．しかしながら，粉末間ではこのような高速度で成形されても界面は焼結には至っていないし，また流動性の悪いアルミナ混合粉末や Co 粉の密度はあまり上昇しない．

一方，圧粉体の密度分布は後工程の焼結性にも大きく影響する．特に，片押し法では金型表面の摩擦が影響し，流動性の悪い粉末は密度が不均一になる．**図 4.44** は圧粉体縦断面内における硬さ分布を静的な場合と比較したもので，硬さと密度は対応する関係にある[29]．一般にパンチ側の上部は密度が低く，金型底に近くなるほど密度が高くなるような不均一圧粉体が得られ，その差は流動性の悪い粉末ほど顕著に現れるが，高速圧粉体は静的に比較して上下の差が小さく，後工程での焼結性の良好な圧粉体が得られている．

つぎに放電エネルギーを直接的に利用して焼結させる例を示す．この提案は

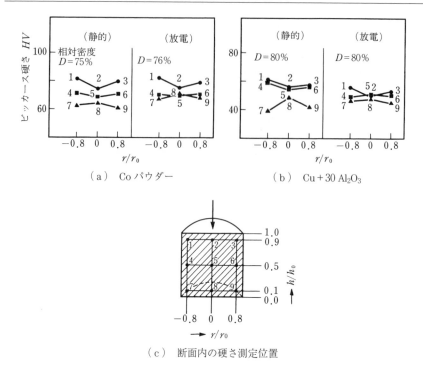

図 4.44　静的圧粉体と高速圧粉体の硬さ分布の比較[28]

米国のテーラーにより 1930 年代に発表されていたが，その後長い間中断されていた．図 4.45 は予成形体を製作する概念図[30]を示したもので，金属粉末に衝撃大電流を通じることにより粉末をジュール加熱し，粉末界面を部分的に

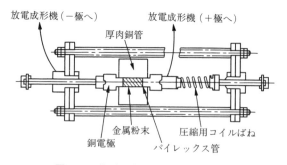

図 4.45　放電予成形装置の粉末充填部

溶着させ，流れる電流によって発生する電磁力で粉末を半径方向に圧縮して密度も強度もあまり大きくない予成形体を製作する試行がなされた．この場合，厚肉銅管は磁場の拡散を抑え，粉末密度を増大させる働きがあり，この予成形体は後工程で等方高速圧縮して完成品に仕上げている．

近年これに類似した方法で改良したPAS（plasma activated sintering）という粉末焼結成形法が開発[31]された．PASは粉末粒子間の接触点で摩擦や放電によって起こる種々の物理的現象を焼結の初期的活性因子として利用し，焼結性を向上しようというものである．粉末粒子間の接触点に積極的にエネルギーを集中するということから，焼結成形の短時間化，焼結温度の低下，高密度・高強度化などその利点は多い．近年新金属や機能材料の焼結，中でもアモルファス材料のように硬質で焼結成形条件に制約の多いものにその特徴を生かし，多用されている．

図 4.46 に PAS 装置の主構成と PAS 加工処理のパターン例を示す．原料粉末の加工はセル中に充填して行う．セルの材質は粉末の種類，物理的特性に応じて，カーボン，セラミックス，WC 合金などを選定する．装置は加圧機構を備えているので成形焼結が容易である．これらの加圧機構や PAS 電源は制御装置により焼結挙動を捉えながら制御される．

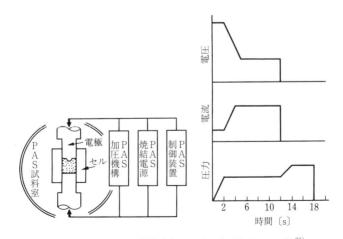

図 4.46　PAS 装置の主構成と PAS 加工処理パターン例[31]

セルに粉末を満たしたときは，粉末相互で架け橋を作って内部に大きい空隙が存在する．これに圧力を加えるとまずこの架け橋が崩れて空隙は減少する．さらに，圧力が増すと粉末粒子相互の接触部に応力が集中し，弾性，塑性の変形を生じ，内部エネルギーは増大する．こうして生じた欠陥はエキソエレクトロンやプラズマ（tribo-plasma model）などを発生し，非常に不安定な状態となる．PAS は接触点にパルス状のエネルギーを与えることにより，このような状態を積極的に起こし得るものである．さらに，接触点の放電プラズマはその二次的因子の圧力増加，衝撃力などを伴って原子の拡散速度は助長される．従来の通電焼結とは異なり，接触点に積極的に焼結エネルギーを供給できるような電源構成になっている．

4.3.4 特 殊 成 形

放電現象を利用した特殊成形法[32]には，そのほかに放電水撃加工法による板の成形や穴あけ加工，表面を対象とした放電被覆加工などがある．

〔1〕 放電水撃加工

水撃加工は高速流体の運動エネルギーにより被加工体を成形または加工しようとする方法で，高速ジェット流を得るために放電間隙に発生した放電柱を利用しようとするもので，その概念図を図 4.47 に示した．放電と同時に同図（a）中の円筒底面の薄膜が破れて水が噴出するが，この水撃を被成形体に作用させて成形する方式で，液中放電成形と比較すると成形効率はさらに低下するが，装置がきわめて簡単なことが特徴である．

同図（b）および図（c）は圧力を集中させる方式で，圧力媒体となる液体の質量が大きく，非圧縮性の媒体を選択し，同時に速度を大きくすれば加工エネルギーは増加する．その方法として水とグリセリンの混合液として粘性を上げるとか，マシン油が用いられたり，液体に金属またはセラミックス粒子を混合させて質量を上げる方策も試みられている．同図（c）の場合には放電室と水撃を発生する部屋はゴムで遮断されており，放電をパルス的に行わせて水撃流を噴出させれば被加工体の成形または難加工材の穴あけ加工も可能になる．

4.3 放電圧力を利用した塑性加工　　　　165

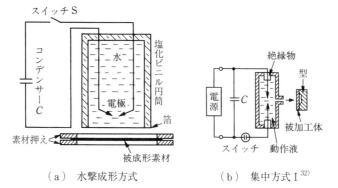

（a）水撃成形方式　　　　（b）集中方式 I [32]

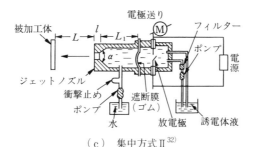

（c）集中方式 II [32]

図 4.47　放電水撃加工

表 4.1　高速液体加工の最大速度

研究者	被加工体	最大速度 〔m/s〕
Jenkins	Al，ネオプレン	240～975
Engel	Al，テフロン，ポリエステル	690～790
Bowden	Al，ステンレス鋼	750～1 200

〔注〕D. C. Jenkins, Nature 1953-8-13
　　　F. P. Bowden, J. H. Brunton, Nature 1958-3-29

表 4.1 は実験報告例で，最大速度は 1 000 m/s 以上に達している．

〔2〕**放電被覆加工**

　表面硬化の一種の方法として 1943 年に旧ソ連のラザレンコによって提案された方法で，電気加工の中でも歴史は古い方である．電極間でパルス的に放電を行った場合，パルスが切れた瞬間に電極には**図 4.48**（a）に示す放電痕（クレーター）を生ずる．その後放電によって溶解した部分が冷却しないうちに，

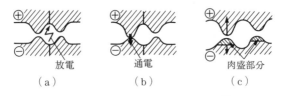

図 4.48 放電被覆加工のメカニズム [32]

同図（b）のように電極を接触させて放電痕の山の部分で溶着させ，（電極の熱容量）＜（被加工体の熱容量）の条件で電極を引き離せば被加工体側に電極側の金属が移行する（同図（c）参照）．この操作の繰返しで肉盛被覆加工が成されるが，近年電極にWC合金などを用い，NC制御で可動させるマイクロウェルディング加工方法が多用されている．

引用・参考文献

1) SAE Handbook, (1962), 140.
2) 例えば，中村虎一：精密機械, **31**-7 (1965), 633-643.
3) 塚田晴一・井上稔：塑性と加工, **5**-46 (1964), 795-801.
4) 奥島啓弐・人見勝人・井上友一・大森正己：精密機械, **29**-8 (1963), 599-604.
5) 河合栄一郎・宮川松男・六崎賢亮・広橋光治：精密機械, **43**-8 (1977), 915-920.
6) 河合栄一郎・広橋光治・友成貴：昭和60年度塑性加工春季講演会講演論文集, (1985), 575-578.
7) 大森正己・井上友一・奥島啓弐：精密機械, **33**-12 (1967), 782-787.
8) 鳳誠三郎・倉藤尚雄：改訂 放電加工, (1961), 9, コロナ社.
9) 元木幹雄：放電応用装置, (1966), 131, 日刊工業新聞社.
10) 藤村勉：精密機械, **31**-7 (1965), 644-655.
11) 平井恒夫・今井田豊：材料, **34**-387 (1985), 1412-1417.
12) 山田敏郎・可児弘毅・神田剛：日本機械学会論文集（第3部）, **39**-327 (1973), 3505-3517.
13) 河合栄一郎・宮川松男・六崎賢亮・広橋光治：精密機械, **43**-7 (1977), 837-842.
14) Duncan, J. L., et al.：Proc. Inst. Mech. Engrs., **179**, Pt.1, 7 (1964-65), 234.

15) 横井真・桐村剛・長谷部忠司・今井田豊：材料, **44**-500 (1995), 602-607.

16) Hasebe, T., Imaida, Y. & Yokoi, M.：Dynamic Plasticity and Structural Behaviors (Proc. Plasticity' 95), (1995), 991-994, Gordon and Breach Publishers.

17) Hasebe, T. & Imaida, Y.：Proc. NUMISHEET '96, (1996), 475-480.

18) 岡山新・長谷部忠司・今井田豊：平成 14 年度塑性加工春季講演会講演論文集, (2002), 471-472.

19) 鈴木勇介・長谷部忠司・今井田豊：第 51 回塑性加工連合講演会講演論文集, (2000), 9-10.

20) 田中宏昌・岡山新・長谷部忠司・今井田豊：平成 15 年度塑性加工春季講演会講演論文集, (2003), 335-336.

21) 長谷部忠司・今井田豊・吉田省三：材料, **45**-10 (1996), 1151-1156.

22) マイクロ加工方法およびマイクロ加工装置, 特願 2004-150725.

23) 森下卓・長谷部忠司・今井田豊：第 51 回塑性加工連合講演会講演論文集, (2000), 11-12.

24) Hasebe, T., Takenaga, Y., Kakimoto, H. & Imaida, Y.：J. Mater. Process. Technol., **85** (1999) 194-197.

25) Hu, X. & Daehn, G. S.：Acta Mater., **44** (1996) 1021-1033.

26) Hasebe, T. & Imaida, Y.：Maters. Sci. Forum, **566** (2008) 167-172.

27) 国藤大亮・長谷部忠司・今井田豊：平成 15 年度塑性加工春季講演会講演論文集, (2003), 333-334.

28) 浅沼博・田嶋昇・広橋光治・河合栄一郎：第 37 回塑性加工連合講演会講演論文集, (1986), 513-516.

29) Lenel, F. V.：Powder Metallurgy, (1980), 112, Metal Powder Industries Federation.

30) 根岸秀明・鈴木秀雄：金属, **58**-11 (1988), 73-79.

31) 竹田敏和：応用機械工学, (1988), 120, 大河出版.

32) 井上潔：新しい金属加工法, (1983), 未踏出版.

5 電磁成形

5.1 電磁成形の概要

5.1.1 概要と技術開発の経緯

　電磁成形は磁場の持つエネルギーを利用する金属加工法で，十分な加工力を得るために強力な磁場が必要である．一般には，大容量・高電圧のコンデンサーから放電電流をコイルに流すことによって生じる瞬間強磁場が用いられる[1]．成形装置は，**図5.1**のブロック図のように，4章の放電成形装置の放電電極間に磁場発生用のコイル（成形コイル）を接続したものと基本的には同一である．磁場の強さは，通常，コンデンサーの充電電圧によって制御される．

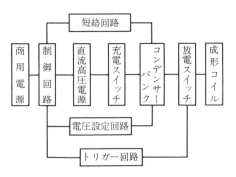

図5.1 電磁成形装置ブロックダイアグラム

　電磁成形のおもな特徴は，爆発成形や放電成形のように加工力を伝えるための媒体（水）を必要とせず，真空中でも成形を行うことができる．実際の加工

は簡単であり，加工力の制御が容易で再現性に優れている．加工物の変形速度は他の衝撃塑性加工（高エネルギー速度加工）と同様にきわめて速く，ほとんどの加工は1 ms 以内で終了する．また，高電圧の取扱いに注意が必要であるが，成形装置は汎用の加工機械と同程度の規模に収まるので製造ラインへの組入れも容易である．

電磁成形が開発されたのは放電成形と同時期であり，1960年に実用的な成形装置が発売されている．これより前の1957年に，電磁成形の先駆けとして，衝撃磁場による銅管の成形，アルミニウム管のスエージ加工が試みられ，以後各国において研究開発が進められるようになった．

5.1.2 電磁成形の様式

電磁成形には，電磁誘導方式と直接通電方式の2種類の方式がある．いずれも衝撃大電流を必要とし，電流と磁場あるいは電流相互に働く大きな磁気圧を利用する加工方法である．直接通電方式は研究段階にあり，実用化されているのは電磁誘導方式であり，電磁成形といえば電磁誘導方式のことをいう．

〔1〕 **電磁誘導方式**

円管の拡管成形は，**図 5.2** に示すソレノイドコイルを用いる．円管の中に挿入したソレノイドコイルに電流を流すと，円管にはコイルと逆向きの誘導電流が円周方向に向かって，層状に流れる．このときコイルと円管との間にはコ

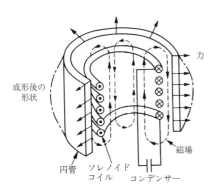

図 5.2 電磁誘導方式（拡管成形）

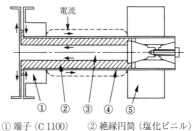

① 端子（C 1100）　② 絶縁円筒（塩化ビニル）
③ 電極（C 1100）　④ 被加工材（A 1050 TD）
⑤ 管押え（S 45 C）

図 5.3 直接通電方式（拡管成形）

イルに流れる電流によって破線で示す方向の磁場が発生する．この磁場と円管に流れる電流との相互作用によって，円管には矢印が示す物体力としての力（電磁力）が生じ，一点鎖線のような形状に成形される．この場合は，円管の外側に置かれた型による成形，せん断，かしめなどの作業が可能である．一方，円管をソレノイドコイルの中に挿入すれば，力は円管の外側から作用し，円管は縮管される．この場合も，管内に置かれた型による成形，せん断，接合，シール（封止）などの加工が可能である．

板材成形には，平形で渦巻状の成形コイル（スパイラルコイル）を用いる．板材をコイルの上に設置すれば，円管の加工と同様，板に誘導電流が誘起され，コイルが作り出す磁場との相互作用によって板は上向きの力を受け，成形される．この場合は，深絞り，張出し，せん断など，慣用のプレス加工と同じような加工が可能である．

〔2〕 **直接通電方式**

近接して流れる逆方向の電流が互いに反発し合うことを利用する方式で，拡管成形の例を**図 5.3**に示す．電極 ③ の外側に，絶縁円筒 ② を挟んで被加工材の円管 ④ を配置する．その後，コンデンサーからの大電流を端子 ① から矢印の方向に導入し，円管 ④ を通してもう一方の電極 ③ へと流す．このとき円管と電極に流れる電流は逆向きであるため，円管と電極に斥力が生じ，円管は同図の破線の形状にバルジ成形される．この方式により板材を成形することも可能である．

5.2 電磁力発生の基礎

5.2.1 電磁力発生と制御

〔1〕 **電 磁 力**

電磁力は電流が磁場から受ける力である．ここでは，ソレノイドコイルの内側に被加工用の金属円筒を配置し，コイルへ正弦的に変化する電流 I_1 を流したとき，管に働く電磁力について述べる．コイルと管とを**図 5.4**のように同

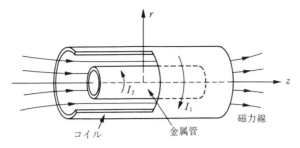

図 5.4 コイルおよび金属管

軸状とし,円柱座標 (r, θ, z) を用いる.コイルは軸 (z) 方向に十分長く,内部に生じる磁場の大きさはどこでも等しいと仮定する.

コイルに電流 I_1 が流れると,z 方向に磁場が発生し,磁場は電流の変化に従って時間的に変化する.その結果,電磁誘導によって管の円周 (θ) 方向に誘導電場 E_θ が発生し,管にはその導電率 κ と電場 E_θ から定まる θ 方向の誘導電流が管全長にわたって流れる.全誘導電流を I_2 とすれば,I_2 は図 5.4 のように電流 I_1 と逆向きに流れ,管内側の磁場を弱める.誘導電流 I_2 は電流 I_1 の作る磁場中にあり,これに電磁力が働く.

電磁力の大きさは,つぎのように表される.管を流れる電流 I_2 の θ 方向電流密度を i_θ [A/m^2],z 方向磁場の磁束密度を B_z [T] とすれば,単位体積当り径 (r) 方向に作用する電磁力の大きさ f は次式で与えられる.

$$f = -i_\theta B_z \quad [\text{N/m}^3] \tag{5.1}$$

ここで,負符号は力が $-r$ 方向(縮管する方向)へ働くことを示す.管全体に働く電磁力の大きさ F は次式で与えられる.

$$F = \iiint_{(管体積)} f\, dv = -\iiint_{(管体積)} i_\theta B_z\, dv \quad [\text{N}] \tag{5.2}$$

この場合,電流密度 i_θ,磁束密度 B_z は r 方向に分布しており,電磁力を式 (5.2) から直接求めるのは容易でない.後述する磁気圧力から求めるのが一般的である.

〔2〕 **磁束密度および電流密度分布**

金属管に電磁力が働いているときの磁束密度 B_z の r 方向分布を図 5.5 に示す。磁束密度 B_z〔T〕は，表皮効果のため管外面から $-r$ 方向に距離 x〔m〕の管内で $\exp(-\sqrt{\omega\kappa\mu/2}\,x)$ に従って減少する。管外面での B_z が $1/e$ になる管内での距離 $\delta = \sqrt{2/\omega\kappa\mu}$〔m〕を表皮深さという。ここで，$\omega$ は角周波数〔rad/s〕，μ は管の透磁率である。磁性体以外では $\mu = 4\pi \times 10^{-7}$〔H/m〕としてよい。

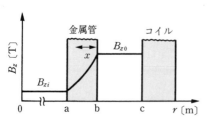

図 5.5 磁束密度 B_z の r 方向分布

管内の電流密度（θ 方向成分だけ存在）は

$$i_\theta = -\frac{1}{\mu}\frac{\partial B_z}{\partial r} \tag{5.3}$$

から求まる。この電流は自由電子による電流であり，電磁力が働くと，$-r$ 方向へ力を受ける。金属内部では電気的中性状態を維持しようとして，残された金属原子（正イオン）との間に静電的なクーロン引力が生じる。このため，電子電流に作用する電磁力 $i_\theta B_z$ は体積力として金属原子に働く。

〔3〕 **磁 気 圧 力**

式 (5.3) の電流密度 $|i_\theta|$ を式 (5.1) へ代入すれば

$$f = -\frac{1}{\mu}\left(\frac{\partial B_z}{\partial r}\right)B_z = -\frac{\partial}{\partial r}\left(\frac{B_z^2}{2\mu}\right) \quad \text{〔N/m}^3\text{〕} \tag{5.4}$$

となる。管全体に働く電磁力 F は $B_z^2/2\mu$ を各面上で一様としたから，式 (5.4) を実際に積分することなく求めることができる。各面に働く圧力 $B_z^2/2\mu$〔Pa〕を磁気圧力と呼んでいる。図 5.5 の場合，管に働く r 方向の磁気圧力 p_m は

$$p_m = -\frac{1}{2\mu}(B_{zo}^2 - B_{zi}^2) = -\frac{B_{zo}^2}{2\mu}\left(1 - \exp\left\{-\frac{2(b-a)}{\delta}\right\}\right) \quad \text{〔Pa〕} \tag{5.5}$$

となる。ここで磁束密度の比 $B_{zi}/B_{zo} = \exp\{-(b-a)/\delta\}$ を使用した。a, b は

それぞれ管の内・外半径である．

　管両面で磁束密度に差があれば，その間に電流密度 i_θ が分布し，そこに $i_\theta B_z$ なる電磁的体積力が実際に働く．このため，物理的実体のない磁力線の圧力 $B_z^2/2\mu$ を実在的に考え，磁気圧力としている．

〔4〕 電流回路の磁気エネルギー

　電流 I_1 を発生させるためにコンデンサー放電回路が使われる．典型的な電磁成形装置の等価回路を図 5.6（a）に示す．C はコンデンサーの静電容量，L_1 および L_2 はそれぞれコイルおよび管のインダクタンス，M は両者間の相互インダクタンスである．一次側回路の残留インダクタンスを L_r，回路の抵抗分を R_1，R_2 とするが，はじめこれらを無視する．回路を閉じて電流が I_1，I_2 になっているとき，コンデンサー電源から電流路に供給される磁気エネルギー W_m は

$$W_m = \frac{1}{2}L_1 I_1^2 - M I_1 I_2 + \frac{1}{2}L_2 I_2^2$$

$$= \frac{1}{2}I_1(L_1 I_1 - M I_2) + \frac{1}{2}I_2(L_2 I_2 - M I_1)$$

$$= \frac{1}{2}I_1 \phi_1 + \frac{1}{2}I_2 \phi_2 \quad \text{〔J〕} \tag{5.6}$$

である．ϕ_1，ϕ_2 はそれぞれコイル，管と鎖交する磁束である．簡単のため，管内側（$r<a$）へ浸透する磁束を無視すれば，$\phi_2 = 0$ から

$$W_m = \frac{1}{2}I_1 \phi_1 = \frac{1}{2}\left(L_1 - \frac{M^2}{L_2}\right)I_1^2 = \frac{1}{2}L_{eff}I_1^2 \quad \text{〔J〕} \tag{5.7}$$

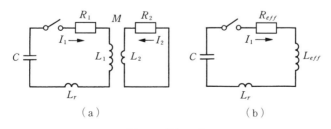

図 5.6　等価回路

となる．一次側から見たコイルのインダクタンスは管があるため $L_1 - M^2/L_2$ に減少する．これを成形部の実効インダクタンス L_{eff} と呼ぶことにする．

磁気エネルギーは磁場の生じる成形部（コイルと管の間）に単位体積当り $B_z^2/2\mu$〔J/m³〕だけ蓄えられる．管表面に働く電磁力の大きさ F は $F = \partial W_m/\partial r$ からも求まり，その圧力は磁気圧力 $B_z^2/2\mu$〔Pa〕に等しくなる．

〔5〕 **電磁エネルギーの移送**

容量 C のコンデンサーが電圧 V_0 に充電してあれば，その静電エネルギーは $CV_0^2/2$ である．このエネルギーが成形部へ磁気エネルギーとして移って電磁力が発生する．図5.6（b）で L_{eff} は成形部の実効インダクタンス，R_{eff} は先の等価回路（a）においてコンデンサー C から見た等価的な実効抵抗とする．時刻 $t = 0$ でスイッチを閉じ電流 I_1 を流せば，静電エネルギーが減少し，磁気エネルギーが増加する．磁気エネルギーの一部は機械的エネルギーとして管を変形するためのエネルギーなどになるが，便宜上，磁気エネルギーに含めて考える．時刻 $t = t_m$ で静電エネルギーがすべて放出されたとすれば，成形部 L_{eff} へ移送される磁気エネルギーは

$$\frac{1}{2}L_{eff}I_1^2 = \frac{1}{2}CV_0^2 - \frac{1}{2}L_rI_1^2 - \int_0^{t_m}R_{eff}I_1^2 dt \qquad (5.8)$$

となり，電磁エネルギーの移送効率 η は

$$\eta_{t=t_m} = \frac{\dfrac{1}{2}L_{eff}I_1^2}{\dfrac{1}{2}CV_0^2} = \frac{L_{eff}}{L_{eff}+L_r}\left(1 - \frac{\displaystyle\int_0^{t_m}R_{eff}I_1^2 dt}{\dfrac{1}{2}CV_0^2}\right) \qquad (5.9)$$

となる．成形部へ移る磁気エネルギーを大きくするためには，残留インダクタンス L_r および R_{eff} を小さくすればよい．

〔6〕 **電源装置**

コンデンサー電源に少しずつ蓄えた大きなエネルギーを電磁成形コイルへ短時間に移送するような技術をパルスパワー技術と呼んでいる．コンデンサー電源をエネルギーの移送時間によって，高速バンク（移送時間 数～数十 μs），

5.2 電磁力発生の基礎

低速バンク（移送時間 数百μs～数 ms）などと呼ぶ．高速バンク用コンデンサー1台の内部残留インダクタンスは数十 nH と小さく，低速バンクのそれは100 nH 程度と大きい．エネルギーを効率よく成形部へ移すには，コンデンサーを何台も並列にし，バンクの残留インダクタンスを小さくする必要がある．

コンデンサー容量は振動放電電流の角周波数 ω に影響する．充電エネルギーを一定とし，電磁成形を効果的に行うためには，角周波数 ω を選ぶ必要がある．容量選択にあたっては，表皮深さが管の肉厚程度またはやや小さくなるように選べばよい．

コンデンサー電源から成形部へエネルギーを移すため，短絡スイッチが必要である．制御が可能な放電ギャップ，イグナイトロン，サイリスターなどが使われる．残留インダクタンスを減らしたい場合，スイッチもコンデンサーとともに並列に使用される．

5.2.2 コイルの設計と製作

〔1〕 概 要

電磁成形用コイルには，ソレノイド型の縮管コイルと拡管コイル，そして板材成形用の平板コイルの3種類がある．ここでは，電磁成形用コイルを設計，製作するための一般的な設計方法と製作方法について述べる．

〔2〕 コイルの設計

成形用コイルの設計において最も重要なことは，絶縁材料の機械的強度および電気的強度（耐電圧），そして連続して繰り返し使用する際の熱的特性（耐熱性および温度上昇）である．

成形用コイルを設計するには，加工物の用途と形状およびコイルに与えられるエネルギーから，電線サイズ，巻数，コイル部（巻線部）の形状を求めることが必要である．巻線部の形状が決まると，コイルの自己インダクタンスと抵抗値が計算で求められる．

通常のコイルは反復使用されるため，コイルの発熱によりコイル導体の機械的強度の低下や絶縁材料の劣化による絶縁強度の低下が起きる．コイルの発熱

176   5. 電 磁 成 形

はコイルに電流を流したときに発生する銅損である．そのため，コイル導体の
断面積を通電電流に対して十分な大きさとし，発熱を下げる必要がある．しか
し，生産ラインにおける使用を考えると，強制空冷，水冷などの積極的な放熱
を考える必要がある．

　電気機器に使用される積層板の特性を**表5.1**に示す．特に，エポキシ樹脂
とガラスクロスを強化繊維とした G-FRP と呼ばれる絶縁材が機械的・電気的
な特性に優れている．

表5.1 積層板特性表

材　　　　質	フェノール / 布	ポリエステル / ガラスマット	エポキシ / テトロンクロス	エポキシ / ガラスクロス
JIS 名称	PL-FLE	TL-GEF	—	EL-GEM
貫層耐電圧〔kV/mm〕	10	10	10	15
曲げ強さ〔MPa〕	$100 \sim 150$	$150 \sim 200$	$100 \sim 150$	$350 \sim 450$
引張強さ〔MPa〕	$60 \sim 80$	$100 \sim 200$	$100 \sim 130$	$200 \sim 300$
アイゾット衝撃強さ 〔kJ/m^2〕	$0.5 \sim 0.7$	$3.5 \sim 4.5$	$0.8 \sim 1.2$	$5.5 \sim 6.5$
耐熱性〔℃/2h〕	140	150	140	180

　設計したコイルの電気的特性として自己インダクタンス L と抵抗 R がある．
単層円筒形コイルの自己インダクタンス L の計算式は次式で表される．

$$L = \frac{(2\pi R N)^2}{l} K \times 10^{-1} \quad 〔\mu H〕 \tag{5.10}$$

ここで，R：コイルの半径〔m〕，N：コイルの巻数，l：コイルの長さ〔m〕，
K：長岡係数である．

　また，フラットコイルの自己インダクタンス L の計算式は次式で表される．

$$L = \alpha R_2 N^2 \times 10^{-1} \quad 〔\mu H〕 \tag{5.11}$$

ここで，R_1：コイルの内半径〔m〕，R_2：コイルの外半径〔m〕，N：コイル
の巻数，α：R_1/R_2 の比から決まる関数である．

　抵抗 R の計算は式（5.12）で表される．

$$R = \rho \frac{l}{S_C} \quad (\Omega) \tag{5.12}$$

ここで，ρ：固有抵抗〔$\Omega \cdot$m〕，l：導体の長さ〔m〕，S_C：導体の断面積〔m^2〕である．

〔3〕 コイルの製作方法

電子機器用コイルの多くは自動機により製作されているが，電磁成形用コイルはほとんど手作業で製作されている．

電線には銅または銅合金のベリリウム（Be）銅，クロム（Cr）銅，マンガン（Mn）銅などがあり，一般的に電気銅（タフピッチ銅 C 1100）が使用されている．また，電磁成形用コイルの樹脂には機械的強度，耐電圧，そして接着力が大きいエポキシ樹脂が使用されている．注型時の樹脂は低粘度であることが望ましいが，低粘度の樹脂は一般的にもろい．そのため，物理的特性を良くするためにフィラー（充填剤）を入れ，強度を上げている．しかし，フィラーを入れると樹脂の粘度は高くなり注型しにくいものになる．粘度と物理的特性の相反する問題をどうするかは，経験的に決める必要がある．

5.3 板材・管材成形と接合

5.3.1 板 材 成 形

〔1〕 概　　　　要

電磁力を利用して金属板を成形する場合には，平板コイル（スパイラルコイル），電磁ハンマー，ソレノイドコイルの3種類が用いられる[2]．平板コイルは，平形で渦巻状であり，この3種類の中でエネルギー効率が高く使用例が最も多い．一方，電磁ハンマーは，平板コイルの単巻コイルでありエネルギー効率は劣るが，コイルの変形や破壊に強い構造となっている．また，ソレノイドコイルはおもに管材成形に用いられるが，エネルギー効率が磁束集中機を使用しても平板コイルより劣り[3]，実用例は多くない．ここでは，エネルギー効率が高く，使用例が多い平板コイルを用いた板材成形について述べる[4]．

〔2〕 平板コイルと張出し加工

アルミニウムや銅のような電気抵抗の小さい材料の張出し加工では，図5.7に示すようにコイル上の金属板に誘起された誘導電流とコイルが作り出す磁場との相互作用によって，金属板に上向きの電磁力が働いて加工が行われる．図5.8にサーチコイルにより平板コイルの磁気圧力を測定した例を，図5.9に純アルミニウム板材の加工例を示す．平板コイルの磁気圧力分布は，コイル中心から端部までの中間部で最大となり，コイル中心および端部で減少するが，成形品の張出し高さはコイル中心で大きくなる．

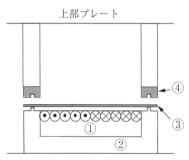

① コイル　② コイルホルダー
③ 素材　④ 板押えリング

図5.7　平板コイルによる張出し加工

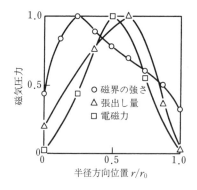

図5.8　半径方向の圧力分布

図5.9　張出し加工例

〔3〕 充電エネルギーとコンデンサー容量

平板コイルより金属板に働く電磁力は，図5.10に示すようにコンデンサーの充電電圧，つまり充電エネルギーの増加に伴い高くなり，電気抵抗の小さい材料ほどその傾向は著しい．図5.11は電磁成形される材料の板厚と電磁力の関係を示したものである．充電エネルギーが一定の場合，電磁力が一定となる

板厚は材料表面を流れる電流の表皮深さ δ と等しく，コンデンサー容量が大きいほど最大電磁力は大きくなる．また，充電エネルギーを一定にしてコンデンサー容量を変化させた場合の電磁力と力積の関係を図 5.12 に示す．コンデンサー容量が大きくなると電流の周波数が小さくなるので，電流の表皮深さ δ は変化し，コンデンサー容量 $C = 200\,\mu\mathrm{F}$ で電磁力と力積が最大値を示している．板材の材質，板厚により効率が最大となるコンデンサー容量，充電エネルギーが存在している．

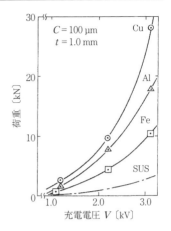

図 5.10 各種被加工材が受ける電磁力

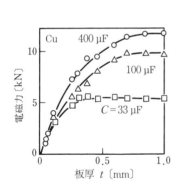

図 5.11 板厚と電磁力の関係

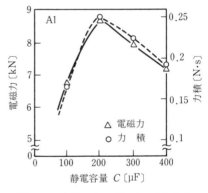

図 5.12 充電エネルギーを一定にした場合の電磁力と力積の関係

〔4〕 ドライバーを用いた難加工材料の張出し加工

チタンやステンレス鋼などの難加工材料は，電気抵抗が大きいため加工に必要十分な電磁力を得ることができない．このような場合には，電気抵抗の小さい銅やアルミニウムから成るドライバーを利用して十分な加工力を得ることができる．図 5.13 はアルミニウムドライバー（A 1080-0）を用いて工業用純チタン板材（JIS 2 種）の張出し加工を行い，液圧バルジ加工と比較した例を示

180 5. 電磁成形

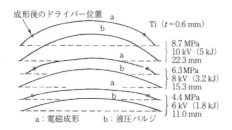

図 5.13 電磁成形と液圧バルジ成形の張出し形状の比較

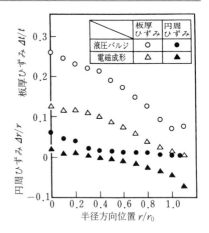

図 5.14 電磁成形と液圧バルジ成形のひずみ分布

したものである．アルミニウムドライバーを用いることで，張出し高さはドライバーを利用しない場合の約10倍となり，液圧バルジ加工と同程度の高さを得ることができる．図5.14に示すように，同一高さに成形された純チタン板材のひずみ分布は，液圧バルジ成形品に比べ電磁成形品の方が板厚ひずみ，円周ひずみともに小さい．そのため電磁成形では難加工材料の成形限界を向上させることができると考えられる．

〔5〕理論解析

平板コイルでは半径方向の磁気圧力分布は一様ではないので，変形も同様である．これに平板コイル特有の横方向衝撃圧力を考慮し，円板要素の運動方程式が特性曲線法によるとして，平板コイルでの変形が解析されている[5)~8)]．純チタン

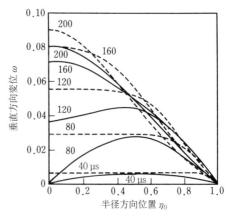

図 5.15 純チタン板材の変形プロフィール解析例

板材の変形プロフィールを解析した例を図5.15に示す．

〔6〕 **板材成形への適用**

電磁成形による板材成形は生産効率が良いプレス加工と競合するため，その実用例は多くない．また，平板コイルの破壊強さの向上，平板コイル用磁束集中機の開発や成形形状の制御など，技術的課題は残っているが，電磁成形をプレス加工の予加工もしくは後加工として利用する方法が報告されている[9),10)]．

5.3.2 管　材　成　形

〔1〕 **穴あけおよびせん断加工**[11,12)]

管楽器などに見られる円管の穴あけ加工は，慣用法による加工では困難なものに属するが，電磁成形による場合は無潤滑状態で，ダイだけを用い，高速度で種々の形状の穴を同時に，そして多数穴あけが比較的容易にできる．また，管材のせん断加工は一般に切削法，研削法およびロール切断法が用いられており，変形抵抗の低いアルミニウムなどの軽金属の薄肉円管をせん断加工する際には，円管を変形せずに固定する必要があり，治具を使用しなければならない．電磁成形を利用すれば，穴あけ加工と同じ長所を持つため容易である．

穴あけ加工やせん断加工は，図5.16のように，円管の外側に，穴あけダイやせん断用ダイを配置することによって行われる．穴あけの一例を図5.17に示す．形状や寸法の異なる穴を同時に良好に加工できることを示している．図5.18にせん断加工に使用したダイとせん断加工された円管の一例を示す．写真

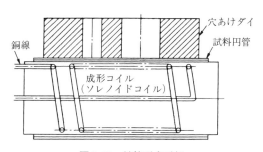

図5.16　拡管型成形部

図5.17 穴あけ加工例

図5.18 せん断加工例

中央の幅の狭いバルジ変形した管はせん断加工によって生じた抜きかすである．

　円管壁への穴あけ加工は，穴あけ面が曲面となっているために，穴寸法精度に影響を及ぼすことになる．磁気圧力が円管に作用する穴あけ機構はダイ穴部に対面している試料がバルジ変形しながら，穴部周辺にある試料がダイ切れ刃によってせん断加工される．このとき，周方向でのバルジ変形に伴って切れ刃近傍の材料が引っ張られる．円形の穴あけを行った場合の寸法精度を図5.19に示す．穴寸法が大きくなるほど精度が低下する傾向にある．これは前述した周方向においてダイ切れ刃によって突出する部分が，穴の寸法が大きくなるに伴って，また管の外径が小さくなるにつれて大きくなるためである．それに対して軸方向の寸法精度は，ほぼ一定となっている．一方，せん断加工では軸方向だけでせん断が行われるために，穴あけのように寸法精度はあまり問題とならない．図5.20は，アルミニウムと銅管の円形穴あけに必要な最小充電電圧

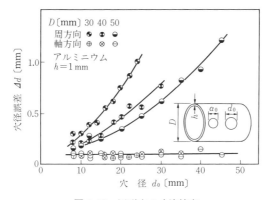

図 5.19　円形穴の寸法精度

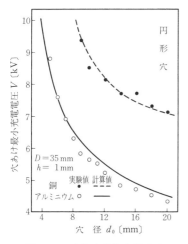

図 5.20　穴あけ最小充電電圧

図 5.21　正多角形への成形例（外径 40 mm，肉厚 1 mm）

を求めたものである．

〔2〕 **拡 管 型 成 形**

正多角形断面の型によって円管から正六角形管と正八角形管へ成形した例が**図 5.21** である．型に忠実に成形したい場合は，適当な充電電圧で成形するとともに，型内の空気を排気しなければならない．

アルミニウム円管を正四角管へ成形した場合の例を**図 5.22** に示す．充電電圧の増加に伴い，直辺部のうねりは無視できなくなる．うねりは空気中での成

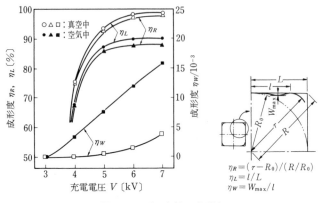

図 5.22 正四角管の成形度

形において大きく現れており，充電電圧 7 kV では充電電圧 5 kV の約 2 倍となっている．一方，真空中で充電電圧 7 kV では最大うねり W_{max} は 0.07 mm に過ぎず，わずかである．この場合，管の型への衝撃による跳ね反りが成形形状に影響を及ぼすこともあるが，真空中での成形におけるうねりが小さいことから，うねりを生ずるおもな原因は型と管との間の空気であると考えられる．

電磁成形による拡管成形の特徴として，静的液圧成形に比べて局部的な肉厚の減少が少なく，成形度のより大きな成形が可能であるといえる．また，型の形状を替えることによって種々の形状の成形品を加工することが可能であり，管をテーパー状，ねじ状，局部的な自由バルジ成形および型成形，穴あけおよびカーリングを同時に行った成形が可能である．

〔3〕 **口広げ加工**[13)]

ソレノイドコイルを用いる口広げ加工では，管端部に電気伝導度の異なる材料を設置して，管端部に生ずる磁気圧力の大きさと分布を変えたり，成形コイルの形状をテーパーとして，円管内壁に作用する磁気圧力の大きさと分布を変えている．口広げ成形部を示したものが**図 5.23** であり，管は破線のような形状に成形される．

保護管の材質を 5 種類とし，充電エネルギーを 2 kJ としたときの口広げ成形品形状を示したものが**図 5.24** である．保護管材質の電気伝導度の高いもの

5.3 板材・管材成形と接合

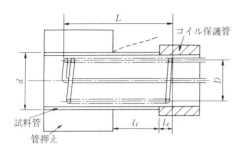

図 5.23 口広げ成形部（D：コイル径，d：試料管径，L：コイル長さ，l_t：成形部長さ，l_c：コイル端から試料管端までの距離）

図 5.24 コイル保護管の材質の相異による成形品形状
（A 1050 TD，外径 40 mm，肉厚 1 mm）

ほど口すぼまりの傾向となっている．このような現象が生ずるのは，保護管の電気伝導度が高いほど，磁場は軸方向に閉じ込められるため，磁気圧力は円管内壁に垂直に働くためである．一方，保護管の電気伝導度が低い場合には，管端の近傍で磁場が半径方向に拡散するため，円管がより口広がりとなるように磁気圧力が作用するためである．成形部長さ l_t を変えて成形品の任意の位置における成形量を示したものが図 5.25 である．$l_t = 10$ mm と短い場合，充電エネルギーが 3.0 kJ 以上ではフランジ加工も可能となる．l_t が長くなるに従って成形部中央の平坦部は長くなり，平行に拡管された形状に成形される．

図 5.26 に成形コイルのコイルテーパーの差による口広げ成形形状の相違を示す．コイルテーパーが大きくなるにつれて，コイルと円管との間隔が広がり，磁気圧力が小さくなる．そのため，半径方向の変形量は減少する傾向がある．

図5.25 成形部長さの相異による成形形状の写真

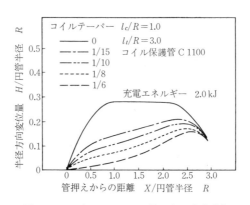

図5.26 コイルテーパーの差による成形形状

〔4〕 バ ル ジ 成 形[14)]

バルジ成形においても口広げ加工と同様に磁気圧力分布と強さに変化を与えて，その成形形状を制御することが可能である．ここではソレノイドコイルと磁束集中器を併用し，この磁束集中器の形状に変化を与え，これが管のバルジ加工において成形形状にどのような影響を与えるかについて記述する．

図5.27は成形コイルと磁束集中器の配置を示したものである．磁束集中器は銅の厚肉円管に長手方向にスリットを入れ，その一部を開管したものである．成形コイルに電流が流れると，同図のように，磁束集中器の内側に誘起された電流が外側の表面層を流れることによって，円管に近い磁束集中器の表面層が成形コイルと同じような働きをして，破線のように円管はバルジ成形される．

特に，磁束集中器の一部に段状の突起を設けることによって，試料管の局部

5.3 板材・管材成形と接合

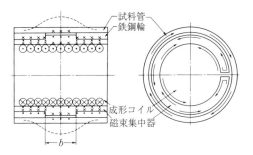

図 5.27 成形コイルと磁束集中器の配置

的な箇所に大きな磁気圧力を作用させることができる．突起部分（以下，磁束集中器のこの長さを磁束集中器長さ b とする）の形状を変えることで，磁気圧力の分布，大きさおよび作用する範囲を制御することが可能となる．バルジ形状は磁束集中器長さ b と充電電圧 V の組合せ方によって，その様子は異なる．図 5.28 では成形形状を三角形，円弧形および台形の 3 種類に大別した．$b=20$ mm 以下ではおおむね円弧形に，b が大となると台形に成形される．1 個の成形コイルに対応して形状の異なる複数個の磁束集中器を使用すれば，それぞれの磁束集中器の形状に対応した成形品が得られ，バルジ成形品の形状制御が可能となる．

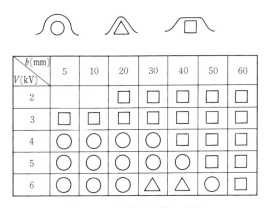

図 5.28 変形断面形状の分類

5.3.3 接　　　合
〔1〕概　　　要

電磁力を利用した接合方法には，かしめや折曲げによる機械的締結，接合金属どうしを高速で衝突させ，接合界面に波状の金属ジェットを形成させて接合する固相接合などが研究されている．ここでは，少量のエネルギーで容易に加工でき，比較的実用例も多い機械的締結を取り上げる．

電磁力を利用した接合方法は，圧材にアルミニウムや銅のような電気抵抗値の低い材料を選び，図5.29に示す構成を用いてコイルと圧材間に発生する磁気圧力により圧材を塑性変形し，母材に接合させる．

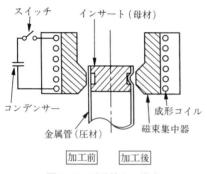

図5.29　電磁接合の構成

〔2〕特　　　徴

電磁成形を利用した接合は常温で行われ，母材側部品に材質の制限がなく，作業条件の設定が容易で再現性が良いことが知られている．このほかに，以下に示す特徴がある．

（1）接合部材には，工作油の塗布や潤滑処理などの前工程は不要であり，作業は清潔な環境で行われるので洗浄などの後工程も省略できる．

（2）工具との接触がなく接合部材は加工されるので，製品には傷が付きにくく，そのための検査や修正工程が省略できる．また，工具の摩耗や破損も少なく，精度の維持や管理が容易である．

（3）めっき処理を施したワーク，マークや記号などのプリントを施したワークの加工も可能である．

（4）製品には加工部分に圧縮（または広げ）方向以外に負荷を与えないため，製品全体の精度維持が容易であり，加工装置や治具にもほとんど加工時の負荷がかからないので，設備の小型化と簡素化が図れる．

〔3〕 **接合継手の設計例**

電磁力を利用した電磁接合継手の設計例を示す．

（a） **引張りとねじり強度を目的とした継手**　引張りとねじり強度に対応した接合加工の例を示す．**図5.30**は，母材側にローレット加工を施し，圧材との接合を行った例である．この場合，ローレットのピッチは粗目の網目ツールを使用することで接合加工が経済的に行える．**図5.31**は，周溝と耐トルク用へこみ溝を持った母材とパイプの接合例である．この場合，適切な継手設計と加工条件を組み合わせれば，溶接接合よりも高い継手強度が得られる．アルミニウム管（A 6061, ϕ 48.2 mm × t 1.2 mm）の突合せ溶接継手と電磁接合継手の強度を**図5.32**と**図5.33**に示す．溶接の場合は，硬化処理を施した素材でも熱影響によって局部的に脆弱となり，強度の低下が避けられない．一方，電磁接合の場合，接合部は加工硬化により強化される．

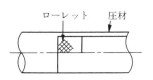

図5.30 パイプをローレット溝に圧着

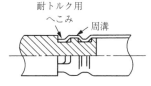

図5.31 周溝とへこみを組み合わせた継手

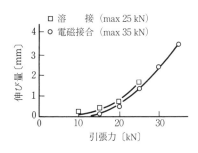

図5.32 突合せ溶接継手と電磁接合継手の引張せん断試験

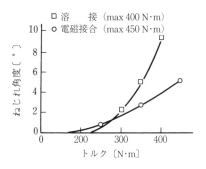

図5.33 突合せ溶接継手と電磁接合継手のねじり試験

（b） **シール（封止）材を使用しない圧力容器のシール**　圧力媒体が水や油など液体の場合は，図5.34 に示すように特別なガスケットを使用せず，金属管と溝を設けた金属エンドプラグのシール（封止）によって相当な高圧まで耐えることができる．アルミニウム管の場合，管の内壁が金属エンドプラグの溝のエッジに食い込み，シール性を維持することになる．図5.35 は金属シール方式を採用したアルミニウム製容器（A 6061，ϕ 60.5 mm × t 2.2 mm）の耐圧試験結果である．容器は 19 ～ 20 MPa の圧力でいずれも本体胴部で破裂している．一方，金属エンドプラグの軸方向への移動量はきわめて少ない．

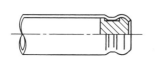

図5.34　パイプエンドの密封

図5.35　耐圧試験結果

（c） **シール材を併用した圧力容器のシール**　金属エンドプラグに溝を設け，シールを行う図5.34 の方法に，Oリングを併用したパイプエンドの密封例を図5.36 に示す．この方法は，(b) に比べてより大きなシール性を与えることになる．

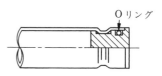

図5.36　Oリングを併用したパイプエンドの密封

〔4〕　**自動車に使われる接合技術**

自動車部材の大幅な軽量化が求められ，アルミニウム板材や押出し材を用いた軽量化が図られている．ここでは，電磁力により接合されたカーエアコン用リキッドタンクについて述べる．

カーエアコン用リキッドタンクの例を図5.37（a），(b) に示す．従来は，図 (a) に示すようにアルミニウム鍛造品の胴と蓋を MIG 溶接し，一体化している．これを電磁接合により一体化した製品が図 (b) である．MIG 溶接

5.3 板材・管材成形と接合

（a） MIG溶接品　　　（b） 電磁接合品

図5.37　カーエアコン用リキッドタンク

法と比較して，電磁接合は以下の特徴がある．

（1） 作業時間が大幅に短縮でき，能率的な生産が可能である．
（2） アルミニウムの溶接には技能と経験を必要とするが，電磁接合の場合には条件設定や操作が容易であり，だれでもできる．
（3） 使用素材は，溶接に適したアルミニウム合金どうしに限定されないため，一方の材料を鋳物やプラスチックとすることが可能である．
（4） 常温で接合作業が行われるため，構成部品への熱影響や強度低下が生じない．
（5） 製品歩留りが高く，大幅な検査工数の削減ができる．

5.3.4　自動車製造における電磁成形の活用[15]

近年，自動車部材に対しては，環境負荷低減の側面から大幅な軽量化が求められており，アルミニウム押出し材を用いることが軽量化の有効な手段となっている．さらにアルミニウム押出し材（二次元）を，自動車部材に使用する場合，三次元形状化および低コストで生産性の高い加工法が要求されるようになってきた．そこで，そのような要求を実現しうる加工法として，電磁力を使った加工法である電磁成形に着目し，アルミニウム押出し部材をおもな対象

に実用化が行われた．

アルミニウム押出し部材の加工に対する電磁成形のメリットは，以下の点である．

- アルミニウムなどの高導電率材料の成形に適している．
- 常温において非常に高速（20 μs 以下）で成形が完了するため，生産性が高い．
- 拡管，縮管成形が容易である．
- 装置が簡易であり，ライン自動化が容易である．

電磁成形を使った自動車部材の応用例を示す．世界で初めて開発したアルミニウム電磁成形ステー（図 5.38 参照）を組み込んだ「アルミニウムバンパーシステム」が，量産車に採用された．

バンパーシステムは，車体前後方向からのさまざまな衝突に対して車体や乗員を守るために車体の前後端部に装着するエネルギー吸収補強材である．また，衝突物を直接受けるレインフォース（バンパービーム）と，それを両端で支持するステーで構成されている．従来からアルミニウム化されていたレインフォースに加えて，従来の鉄製ステー部分を，電磁成形法を用いることでアルミニウム化することに成功した．この実用化により，車1台で約 1.3 kg/ セットの軽量化を実現している．

これまでの一般的なアルミニウム製バンパーステーは，エネルギーを吸収す

図 5.38　電磁成形ステー外観　　　　図 5.39　電磁成形ステーの製造工程

る胴部と車体やバンパービームと締結するプレートにて構成されており，胴部とプレートは溶接される．鉄ステーと比較すると，コスト高になること，溶接熱による軟化やひずみの課題があった．

開発した電磁成形アルミニウムステーでは，胴部にあたるパイプとプレートとの接合に関して，電磁力による拡管を利用したかしめを使って溶接レスとしている．また，かしめ部の反対側は，胴部のパイプを拡管してフランジ面を形成（車体側取付け部分）していることで一体化成形による低コスト化を実現した．電磁成形ステーの製作工程を図5.39に示す．

また，このバンパービームとステーを直接電磁成形でかしめて結合するステー一体型バンパーシステムの例を図5.40に示す．バンパービームとステーが一体となってかしめ結合されており，これまでバンパービームとステーの締結に必要であったボルトやナット類の部品点数が大幅に削減され，溶接レスによりさらなる軽量化が達成されている．また，ステーの胴体部には衝突エネルギー吸収効率を向上させるためのクラッシュビードが加工されている．このビード成形もかしめと同時に電磁成形にて加工されるため，生産性が高くなる．

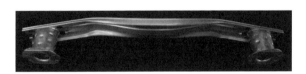

図5.40 ステー一体型バンパーシステム

今後も自動車の軽量化に伴い，アルミニウム押出し材の適用が進められる．アルミニウムに適した加工方法である電磁成形の活用機会も増大していくと考えられる．

5.4 電磁成形の応用例

5.4.1 薄肉管の矯正加工

棒や線の矯正加工については報告されているが，管の矯正加工になるとロールによる加工，張力または内圧（液圧）を付加する加工程度である．また，厚肉管に適用できる方法も，スプリングバックの大きな薄肉管に適用することは難しい．ここでは，電磁力を用いる薄肉管の矯正加工について述べる．電磁力を用いる矯正加工には拡管方法と縮管方法があり，矯正する管の長さが短い場合は縮管による矯正も可能であるが，矯正後の管の取扱いが難しいため，拡管による矯正方法が一般的である．ここでは，拡管による矯正方法について述べる．

〔1〕 電磁力を用いる薄肉管の矯正方法[16]

充電エネルギーが 0.2 kJ の条件で外径 44.6 mm，厚さ $t=0.8$ mm のアルミニウム焼なまし管（A 6063 TD）の拡管を行い，軸方向表面粗さ（R_a）とうねりを測定したところ，R_a の変化は小さいが，うねりは 2 倍となった．このように，小さい充電エネルギーによる拡管成形でも R_a とうねりは大きくなるため，矯正加工では型を用いる必要がある．

そこで，内径 45 mm，真円度 2.1 μm（半径法真円度），R_a 0.37 μm の形状精度を有する分割型（軸方向に 4 分割）を用いて拡管方法による外径44.6 mm，$t=0.8$ mm のアルミニウム焼なまし管（A 6063 TD）の矯正加工を説明する．矯正加工後に測定した表面形状を**図 5.41** に示す．充電エネルギーが増加することで形状の振幅と周期は小さくなる．また，型と管の隙間は0.2 mm であり，管は半径方向外側に変形して型に衝突し，矯正加工が行われる．そのため，型による矯正を受けるまでは R_a やうねりが増加し，型による矯正を受けて以降，R_a は減少し，うねりの振幅と周期が減少することになる．

〔2〕 表面粗さへの影響

外径 45 mm，$t=1.0$ mm と外径 44.6 mm，$t=0.8$ mm の焼なまし管と引抜

5.4 電磁成形の応用例

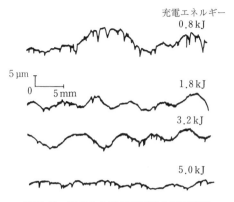

図 5.41 型による矯正加工後の表面形状

き管(未焼なまし管)の R_a に及ぼす充電エネルギーと矯正回数の影響を**図 5.42**(a),(b)に示す. $t=0.8\,\mathrm{mm}$ と $t=1.0\,\mathrm{mm}$ の図(a)焼なまし管では,充電エネルギーと矯正回数の増加とともに R_a は減少するが,矯正回数の増加による R_a の減少が大きい. $0.8\,\mathrm{kJ}$ の充電エネルギーを $t=0.8\,\mathrm{mm}$ と $t=1.0\,\mathrm{mm}$ の管に1回加えただけで,$1\,\mathrm{\mu m}$ の初期表面粗さが $0.5\,\mathrm{\mu m}$ まで減少し,矯正回数が5回では型の表面粗さまで近付いている. また, $t=1.0\,\mathrm{mm}$ の管は変形を伴わないため $t=0.8\,\mathrm{mm}$ に比べて矯正効果が大きい. 一方,焼なまし管より矯正前の R_a が小さい図(b)引抜き管(未焼なまし管)では,充電エネルギーの矯正効果は小さく,矯正回数の増加に対する矯正効果が大きい.

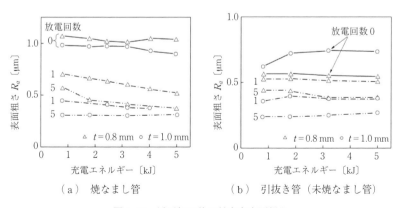

図 5.42 矯正加工後の軸方向表面粗さ

〔3〕 うねりへの影響

表面粗さと同様，焼なまし管と引抜き管（未焼なまし管）の軸方向におけるうねり（形状を示す波形の山と谷の差）に及ぼす充電エネルギーと矯正回数の影響を図5.43（a），（b）に示す．図中に，それぞれの管の初期のうねりを示している．図（a）焼なまし管の矯正では，充電エネルギーと矯正回数の増加に伴い，うねりは小さくなる．特に，変形を伴う $t=0.8\,\mathrm{mm}$ の管に対する矯正効果は大きい．一方，（b）引抜き管（未焼なまし管）では，$t=0.8\,\mathrm{mm}$ と $t=1.0\,\mathrm{mm}$ ともに，充電エネルギーと矯正回数の増加によりうねりが減少する．しかし，$t=1.0\,\mathrm{mm}$ は変形を伴わないため，矯正回数による矯正効果は少ない．また，うねりには周期性があり，剛性の弱い薄肉管ほどコイルの巻線ピッチ（P）の影響を受けている．巻線ピッチが $5.5\,\mathrm{mm}$ と $3.0\,\mathrm{mm}$ におけるうねりの大きさを $t=0.8\,\mathrm{mm}$ の管で比べると，ピッチを $3.0\,\mathrm{mm}$ にすることでうねりが小さくなる．

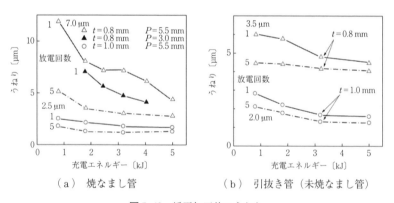

（a）焼なまし管　　　　（b）引抜き管（未焼なまし管）

図5.43　矯正加工後のうねり

〔4〕 真円度への影響

外径 $44.6\,\mathrm{mm}$，$t=0.8\,\mathrm{mm}$ の焼なまし管の真円度測定円に及ぼす矯正回数の影響を図5.44に示す．充電エネルギーが $3.2\,\mathrm{kJ}$ の場合，1回の矯正加工で真円度が $130\,\mathrm{\mu m}$ から $30\,\mathrm{\mu m}$ に，10回の矯正加工で $7\,\mathrm{\mu m}$ となり，矯正回数の増加による矯正効果が大きい．なお，90°ごとに見られるくびれは，型の分割

線が影響し，5 μm である．つぎに，充電エネルギーと矯正回数が真円度に及ぼす影響を**図 5.45**（a），（b）に示す．粗さとうねりと同様，図（a）焼なまし管の真円度に及ぼす矯正回数の影響は大きく，矯正回数の増加により真円度は減少する．一方，図（b）未焼なまし管では，変形を伴う $t=0.8$ mm の管は矯正回数の影響が大きく，真円度が減少する．しかし，$t=1.0$ mm は，円周方向の変形が制限されるため，充電エネルギーと矯正回数の影響が小さい．

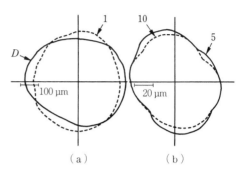

図 5.44 矯正加工後の真円度測定円

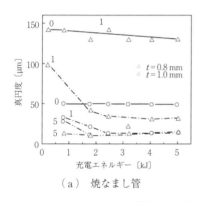

（a）焼なまし管

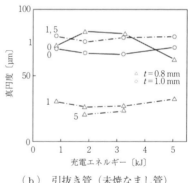

（b）引抜き管（未焼なまし管）

図 5.45 矯正加工後の真円度

5.4.2 アモルファス合金のせん断加工 [17]

〔1〕概　　要

結晶構造を持たないアモルファス合金が1960年代に登場し，その構造的特殊性と合金組成に依存して優れた特性を有するため，多方面にわたる研究開発が行われた．1980年代後半から実用化が進み，おもにトランス用コアの材料としての**表 5.2** に示す $Fe_{78}B_{13}Si_9$ が有名である．アモルファス合金材料には薄

表 5.2 アモルファス合金の特性

原子〔%〕	飽和磁束密度 B_s 〔kG〕	保磁力 H_c 〔Oe〕	残留磁束密度 B_r 〔kG〕	最大透磁率 μ_{max}	キュリー温度 T_c 〔℃〕	結晶化温度 T_x 〔℃〕	密度 〔g·cm^{-3}〕	電気抵抗 〔μΩ·cm〕
Fe$_{78}$B$_{13}$Si$_9$	15.6	0.03	13.0	500 000	415	550	7.18	130

〔注〕 引張強さ：1.78 GPa，ヤング率：70.59 GPa，*HV*：724

帯，線材，粉末などの形状があり，溶解した合金を高速回転するロール等により急冷凝固する方法で製造された薄帯（薄帯の厚さが 28 μm 程度）は，軟磁気特性とともに，高強度，高硬度，高靭性などの特徴がある．しかし，硬くて伸びが小さく加工性に劣るため，新規加工方法の開発が望まれている．ここでは，電磁力を利用したアモルファス合金箔のせん断方法について述べる．

〔2〕 **アモルファス合金箔の切断加工方法**

トランス用コアに使用されるアモルファス合金箔の切断加工方法として，放電加工，レーザー加工，エッチング，プレス金型などがある．放電加工，エッチング，プレス打抜きによる切り口面の写真を**図 5.46** に示す．放電加工では切り口面にこぶ状の塊が生じており，エッチングでは過度にエッチングされた場所が見られる．また，放電加工やエッチングは生産性が低く，放電加工とレーザー加工は加工部の熱による変質層を考慮する必要がある．それらと比べ，プレス打抜きによる切り口面は平坦である．しかし，変形模様によるだれ，工具と被加工材のすべりによるせん断面，破断面，かえりなどが観察され

（a）放電加工　　（b）エッチング　　（c）プレス打抜き

図 5.46　各種切断法による切り口面

る．アモルファス合金箔の切断加工には，プレス打抜きによるせん断加工方法が生産性に優れているが，材料特性から金型材料，クリアランス，加工条件などに対する課題が多く，加工が難しい．

〔3〕 高速打抜きの切り口面性状

電磁力を利用した高速プレス加工は，板材成形で使用される平板コイルとパンチが取り付けられた受圧板（銅板，絶縁板そして鋼板で構成される）を対向させ，板材成形と同様に，発生した反発力でパンチを駆動し，アモルファス合金箔を打ち抜く方法である．パンチとダイに工具鋼を使用し，ダイの穴径が5 mm，クリアランス（C）が5 μm の条件で高速打抜き加工を行うと，打抜き速度が速くなるに従い，図 5.47 に示す脈状組織と呼ばれる延性破面が発生する．これは，プレス金型による打抜きで発生する破断面に相当する領域に生じ，平坦な形状を示している．切り口面に占める脈状組織の面積率は，図 5.48 に示すように打抜き速度の増加に従い増加する．これは，アモルファス合金に与え得る塑性仕事の量は限られたものであることから，速度の増加に伴うせん断部の断熱的な温度上昇によりせん断面が変形し，破断することによって生じたものと考えられる．さらに，打抜き速度が 15 m/s 程度となると，脈状組織が少なくなり，切り口面全体は平坦となる．

図 5.47　脈状組織

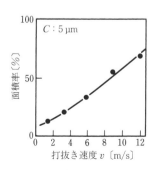

図 5.48　脈状組織の面積率

〔4〕 切り口断面の性状

　脆性材料の打抜きでは，良好な断面形状の製品を得るためにゼロクリアランスに近い状態で打ち抜くことが望ましい．しかし，きわめて薄く，硬く，そしてもろいアモルファス合金のせん断加工では，ゼロクリアランスにすることはきわめて難しい．ダイの穴径は 5 mm で，クリアランスが 5 μm の高速打抜き（$v = 3.53$ m/s）で得られた切り口断面形状を図 5.49 に示す．クリアランスが 1.5 μm の機械プレスによる低速打抜き（$v = 0.06$ m/s）に比べ，より良好な切り口断面が得られており，パンチとダイの摩耗に及ぼすクリアランスの影響を避けることが可能である．

$C : 1.5$ μm, $v : 0.06$ m/s　　　$C : 5$ μm, $v : 3.53$ m/s
　　（a）機械プレス　　　　（b）高速プレス（電磁プレス）

図 5.49　打抜き製品の切り口断面形状

〔5〕 かえり高さへの影響

　トランス用コアは，鉄損を少なくするために積層しており，打ち抜かれた製品のかえりを少なくする必要がある．打抜き速度が製品のかえり高さに及ぼす

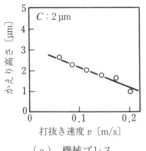 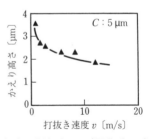

　　（a）機械プレス　　　　（b）高速プレス（電磁プレス）

図 5.50　かえり高さの打抜き速度依存性

影響を**図 5.50**（a），（b）に示す．ダイの穴径は 5 mm であり，機械プレスおよび高速プレスのクリアランス（C）はそれぞれ 2 μm と 5 μm である．パンチとダイの材料は，機械プレスでは超鋼を使用し，高速プレスでは工具鋼を使用している．機械プレス，高速プレスともに打抜き速度の増加に伴いかえり高さは減少している．クリアランスの増加はかえり高さを増加させると考えられるが，クリアランスが大きな高速プレスでは機械プレスと同じかえり高さを得ている．

〔6〕 **アモルファス合金の結晶化**

アモルファス合金のせん断では，温度上昇による切り口面の結晶化が問題となる．切断面の結晶化の程度は，電子線回折により調べることができる．**図 5.51** は，200 kV で加速した電子を各種条件で得られたアモルファス合金の電子線回折像である．図（a）素材と図（b）真空中で 400℃に 1 時間保持した場合のアモルファス合金に結晶化が起きていないが，図（c）600℃で 1 時間保持すると結晶化が生じている．アモルファス合金の打抜きで生じる図（d）せん断面，図（e）破断面および図（f）脈状組織について結晶化の程度を比

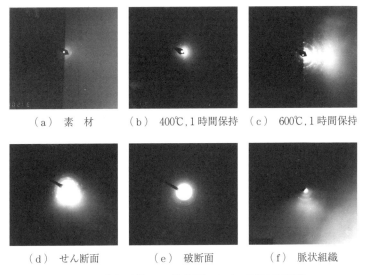

図 5.51 熱処理材および切断面における電子線回折像

較すると，せん断面における結晶化が最も進んでいる．この部分の結晶化は，工具と被加工材との摩擦による温度上昇によって促進されたものと思われる．一方，破断面と脈状組織における結晶化は少なく，塑性変形による温度上昇は比較的小さいものと推定される．

5.4.3 粉 末 成 形

〔1〕 概　　　　要

　粉末の成形固化方法には，熱間押出し，コンフォーム押出し，粉末圧延，粉末鍛造，ホットプレス（HP），熱間静水圧プレス（HIP），放電プラズマ焼結（SPS），衝撃成形などがある．中でも衝撃成形は，せん断変形を粉末に与えることで粉末表面の酸化物や水酸化物を破壊し，粉末相互の接合をより強固にすることが可能である．そのため，衝撃成形による急冷凝固アルミニウム合金，アモルファス金属，金属間化合物，セラミックスなどの粉末の成形固化が試みられている．衝撃力の発生方法として，爆薬，火薬，放電，電磁力などが挙げられるが，爆薬と火薬を利用した粉末成形は 3.5 節に，放電を利用した粉末成形は 4.3 節に述べられており，ここでは電磁力を利用した粉末成形について述べる．

〔2〕 粉末の安全性 [18]

　衝撃力を利用した粉末成形を行う場合，通常の粉末冶金法と同様に粉末の取扱いには十分な注意が必要である．一般的に，堆積状態に比べ，空気中を浮遊している粉じん状態において爆発の危険性が高いことはよく知られている．アルミニウム合金粉末の粉じん状態における爆発下限濃度曲線を**図 5.52** に示す．それによると，アルミニウムの純度が高く，微細な粉末を多く含む粉末ほど爆発下限濃度が低下し，粉じん爆発の危険性が高くなることを示している．

〔3〕 電磁力を利用した粉末成形 [19]

　粉末に電磁成形と同様な磁場を作用させて成形を行うことは可能である．しかし，前もって粉末を圧密する必要がある上，粉末の表面に誘起される電流が小さく，十分な密度の成形体を得ることは難しい．一方，電磁力を金属媒体

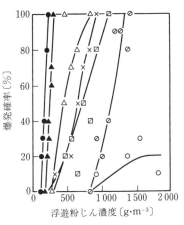

	<44 μm の粉末〔mass%〕	組　成〔mass%〕
▲	36.6	99.38Al−0.42Fe−0.03Cu−0.15Si
●	46.3	99.35Al−0.44Fe−0.03Cu−0.15Si
○	18.8	77Al−20Si−1Mg−Bal.
×	43.5	66Al−6Fe−25Si−1Mg−Bal.
△	39.8	87Al−8Fe−Bal.
□	13.3	93Al−3Li−1Mg−Bal.
○	13.5	94.5Al−2.5Li−1Mg−Bal.

図5.52　アルミニウム合金粉末の爆発確率

（パンチやシース材）に作用させ，その衝撃力を利用して粉末を成形する方法がある．ここでは，ハンマー法とシース法について説明する．

（**a**）　**ハンマー法**　　ハンマー法による圧粉装置を**図5.53**に示す．平板コイルとパンチを取り付けた受圧板を対向させ，板材成形と同様，平板コイルと受圧板の間で発生する反発力でパンチを駆動し，圧粉する機構である．リチウ

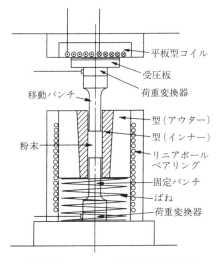

図5.53　ハンマー法による圧粉装置

ム (Li) を 3 mass% 以上含む急冷凝固アルミニウム粉末のハンマー法による動的圧粉およびプレスによる静的圧粉を行い，ともに真空焼結 (620℃, 1 h) した成形体の密度と強度を**図 5.54** (a), (b) に示す．密度分布は動的圧粉，静的圧粉ともに同じ傾向を示すが，強度分布は密度分布と異なり，駆動パンチ側が大きく，固定パンチ側が小さい．強度は静的圧粉に比べ動的圧粉が大き

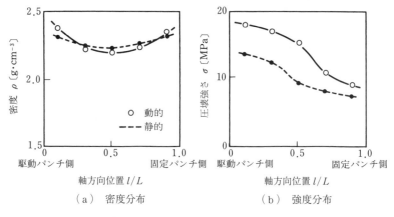

(a) 密度分布　　　(b) 強度分布

図 5.54 ハンマー法による成形体の特性

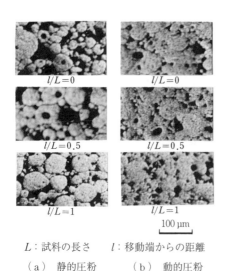

L：試料の長さ　l：移動端からの距離
(a) 静的圧粉　　　(b) 動的圧粉

図 5.55 圧粉方法が成形体の組織に及ぼす影響

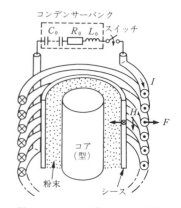

図 5.56 シース法による圧粉方法

5.4 電磁成形の応用例

 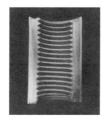 

（a） 薄肉円筒　　（b） 雌ねじの成形　（c） テーパーの成形
　　　　　　　　（外周はAlシース）
充電エネルギー：7.2 kJ（$C=400\,\mu\mathrm{F}$）

図 5.57　シース法による成形例

い．圧粉後に焼結された成形体の組織写真を図 5.55 に示す．静的圧粉に比べて動的圧粉は緻密であり，駆動パンチ側で気孔が少ない．このように，動的圧粉は衝撃力を受けた粉末相互の接合が促進されるため強度が大きくなる．

（b） シース法　シース法による圧粉方法を図 5.56 に示す．シースは電気抵抗が小さい銅管やアルミニウム管であり，粉末を充填したシースを管材の電磁成形と同様な方法で圧縮変形し，粉末を圧粉する方法である．厚さ 1 mm のアルミニウム焼なまし管をシースとし，純アルミニウム粉末の圧粉（充電エネルギー：7.2 kJ）と真空焼結（620℃，1 h）を行い，得られた成形例を図 5.57 に示す．薄肉円筒，雌ねじ，内部にテーパーを持つ成形体である．側方からの加圧を受ける方法であり，通常のプレスによる粉末冶金法では成形が難しい形状である．薄肉円筒の密度と圧環強さを図 5.58 に示す．充電エネルギーの増加とともに密度と圧環強さは大きくなり，図 5.59 に示す緻密な組織が得られている．

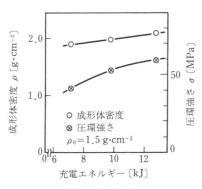

図 5.58　薄肉円筒の密度と圧環強さ

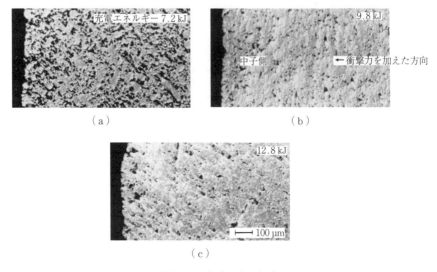

図 5.59　薄肉円筒の組織

5.5　金属薄板の電磁圧接

5.5.1　概要と技術開発の経緯

電磁圧接，電磁溶接，電磁接合などと呼ばれる圧接法は，良導電性の金属材へ高密度磁束を急激に加え，電磁力を利用して他の金属材へ接合する技術である．重ねた金属円管を圧接する研究として国外で始まった．1960（昭和35）年に外国から出願された金属円管を成形または接合する特許[20]が公表された後，国内でも同様の研究結果が報告され始めた[21),22)]．この圧接は，円管の外側に磁束発生用ソレノイドコイルなどを配置し，電源からコイルへ放電大電流を流して行われる．

平板に対する電磁圧接の実験は，1998（平成10）年頃まで国内外で見られなかった．平板を圧接するのに適したコイルの開発が困難だったからである．相沢らは，高密度磁束を局所的に発生できる平板状ワンターンコイルを考案し，平板の電磁成形（小径の穴あけ）に使用していた[23)]．このコイルは全体

として平板状であるが，その一部に電流が集中して流れる構造をしていた．電磁穴あけにおいて，小型ソレノイドコイルに比べ小径まで穴あけができた．この平板状コイルは重ねた薄板の電磁圧接にも有効だったため，1999（平成11）年に金属薄板を電磁溶接する特許を出願し，登録された[24]．金属薄板を対象とする電磁圧接は日本発の将来有望な技術である．このため本節では，各種事例について詳細に示す．平板状コイルを用いた研究結果は国内外で数多く報告されている[例えば25]．電磁圧接の対象は円管類が主であったが，板材へ拡大している．

5.5.2 平板状コイルおよび圧接原理
〔1〕 平板状コイル

典型的な平板状コイルの概略2種類を図5.60および図5.61に示す．図5.60はH字形状の銅合金板を2枚重ね，下板を行きの電流用，上板を帰りの電流用とするコイルである．コイル巻数は1であり，平板状ワンターンコイル（H形）と呼ばれる．これに電源から放電大電流を流すと，電流が集中するコイル中央部分に高密度磁束が発生する．圧接する薄板（通常，2枚重ね）は，コイルから絶縁され，コイル中央部分の上板と下板の間に挿入，固定される．圧接は，重ねた薄板外側の両面から磁束を加えて行われる．

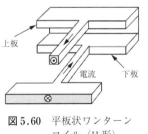
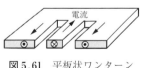
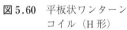

図5.60　平板状ワンターンコイル（H形）　　図5.61　平板状ワンターンコイル（E形）

図5.61は銅合金板に2本の切込みを加えたE字形状コイルである．幅が狭く，細長いコイル中央部分は行きの電流用，その両側の幅の広い周辺部分は帰りの電流用とする平板状ワンターンコイル（E形）である．コイル中央部分に

高密度磁束が発生する．2枚重ねた薄板は，コイルから絶縁され，コイル中央部分の上側に配置，固定される．圧接は，薄板外側の片面から磁束を加えて行われる．

〔2〕 両面からの圧接原理

図5.60の平板状コイルの内側に置かれた良導電性の同じ金属薄板（2枚）を圧接する原理を**図5.62**（断面図）で説明する．コイル電流方向に垂直なコイル中央部分の断面図である．薄板間には約1mmの間隙がある．コイルと薄板は直流的に絶縁（分離）されているが，交流的には電磁結合している．このコイルに電流が急激に流れると，発生する高密度磁束が重ねた薄板の両側から交差する．薄板には微小で無数の交わらない渦電流と呼ばれる誘導電流が循環して流れ，磁束が薄板へ浸入するのを防ぐ．コイル近くを流れる多数の渦電流は，隣接する部分が打ち消し合い，近くのコイル電流と逆方向となるように流れる．この結果，2枚の薄板は，それぞれ近くのコイルから大きな電磁力を受け，高速で衝突し，接合（圧接）する．高速衝突するとき，金属ジェットが発生し，接合面はクリーニングされる．

薄板に渦電流が流れ，電磁力が働くとき，薄板の表面には電磁力と等価な磁気圧力 p_m が働く．この圧力は図5.62に示すコイルと薄板間の磁束が広がろうとして生じる．電磁力の算出は困難であるが，p_m は磁束密度の測定などから容易に求められる．p_m は，図5.62のコイル下板に流れる電流の方向を x，下側薄板に働く電磁力の方向（上方向）を y，コイル下板と下側薄板間に発生する磁束の方向（右横方向）を z 軸とする直交座標を用いると，式 (5.5) と

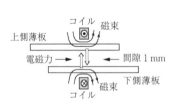

図5.62 両面からの圧接法
（H形コイル使用）

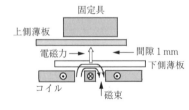

図5.63 片面からの圧接法
（E形コイル使用）

同様に次式で表せる.

$$p_m = \frac{B_{Z_o}^2 - B_{Z_i}^2}{2\mu} = \frac{B_{Z_o}^2}{2\mu}\left[1 - \exp\left(-\frac{2\tau}{\delta}\right)\right] \tag{5.13}$$

ここで, B_{Z_o} はコイル下板と下側薄板間の磁束密度で, B_{Z_i} は両薄板間の磁束密度, μ は薄板の透磁率, τ は薄板の厚さである. 磁気圧力(電磁力)を大きくするには, 磁束密度 B_{Z_o} を大きく, 表皮深さ δ を薄板の厚さ τ に比べて小さくする必要がある.

〔3〕 **片面からの圧接原理**

図 5.61 の平板状コイル上に置かれた良導電性の金属薄板を上側の金属薄板へ圧接する原理を**図 5.63**(断面図)で説明する. コイル電流方向に垂直な断面図である. 薄板間には約 1 mm の間隙があり, 上部には固定具がある. コイルに電流が瞬間的に流れると, その中央部分に高密度磁束が急に発生する. この磁束が下側の薄板に交差すると, 下側薄板には渦電流が流れ, 両面からの圧接と同様に, コイルから大きな電磁力を受ける. 下側薄板(可動薄板と呼ばれる)は上側の薄板(固定薄板と呼ばれる)へ高速で衝突し, 接合(圧接)する. 上側薄板の導電性が悪くても両薄板は接合する. 高速衝突するとき発生する金属ジェットは, 高速ビデオカメラを用いて実際に観測されている[26].

5.5.3 放電電流および衝突時間信号の測定

金属薄板の電磁圧接は LCR 放電回路を用い, コンデンサー電源 C に蓄積された静電エネルギーを平板状コイル L に流して行われる. 放電回路全体のインダクタンスと抵抗が非常に小さいため, 放電電流は最大値が 150 kA 以上, 周期が 50 µs 以下のパルス大電流である. 振動減衰して約 50 〜 150 µs で 0 になる.

パルス大電流は実効値表示の電流計で測定できない. 波形の測定は 10 mΩ 以下の同軸分流器, もしくはロゴスキーコイルやサーチコイルを用いて行われる. 後者は電磁誘導による疎結合の非接触測定法で, 放電回路の回路定数が変わらないので, 正しい放電電流を測定できる. 回路抵抗の大きさにもよるが,

パルス大電流の測定は一般に後者で行われる．

2枚の金属薄板は，1 mm前後の間隙を保って平行に面配置される．金属薄板が面配置間の狭い間隙内で高速変形し，10 μs前後で変形を終えるため，金属薄板の変形時間や変形速度の光学的測定は難しい．ここでは，電気的な測定法について述べる．

〔1〕 **放電電流の測定**

電磁圧接現象の基因が放電電流であるため，放電電流の波形，振幅および周期などを知ることは大切である．放電電流は放電エネルギー，回路構成（回路定数）およびシーム圧接長などによって変わる．放電電流と衝突時間信号の測定系を図5.64に示す[27]．圧接コイルはE形平板状コイルである．圧接コイルと可動薄板との間および固定薄板と固定具との間の絶縁フィルムは，この図では省略されている．電磁圧接は放電電流が集中するコイル中央直線部の上方で，x方向（シーム圧接長方向）に沿って行われる．放電電流は放電ギャップスイッチGの周辺に取り付けられたロゴスキーコイルで検出され，積分回路を通してオシロスコープに電圧表示で記録される．市販のロゴスキーコイルは後段の積分回路で電流校正（電流値／1 V）されているので，オシロスコープの電圧指示値から放電電流の正確な大きさを知ることができる．しかし，ロゴスキーコイルに耐電圧が定められているため，図5.64のコンデンサー電源Cの充電電圧は耐電圧以下に制限される．サーチコイルを用いると，後段の積分回路が半導体素子を含まないので，Cの充電電圧を約20 kVまで高くとれる．しかし，検出される電圧値が取付け位置で異なるため，オシロスコープの電圧

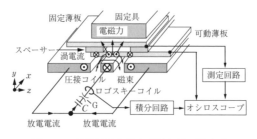

図5.64 放電電流と衝突時間信号の測定系

指示値を電流値に校正しなければならない．

　放電電流測定の注意点は，放電電流とトリガー信号とのタイミング調整およびノイズの低減である．放電電流の立上り部を記録するために，**図 5.65** に示されるように，オシロスコープの画面左端で静止している輝点の始動と放電回路の放電ギャップスイッチGの始動のタイミングを調整することが大切である．図 5.65 の T_1 と T_2 はタイミング用のトリガー信号，I は放電電流である．トリガー発生装置からの T_1 は，光電変換され，オシロスコープの外部トリガー入力端子を経て，$t=0$ にある輝点を時間軸 t 方向に移動する．トリガー信号 T_2 は t_d の遅れ時間で高圧トリガー回路を経て，放電回路の放電ギャップスイッチG（図 5.64 参照）を始動する．放電電流 I が流れ始めると，t_d より遅れた時刻 t_I から立ち上がって振動減衰する波形が，オシロスコープの信号入力端子を経て画面に現れ，記録される．

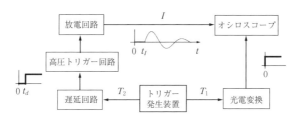

図 5.65　放電電流の記録とトリガー信号

　放電電流の最大値が 150 kA 以上，周波数が 10 kHz 以上のため，高電圧の高周波ノイズが放電回路と高圧トリガー回路から発生する．大振幅のノイズがオシロスコープに侵入して放電電流に重畳すると，正確な放電電流の測定は困難になる．電磁圧接装置の床面に銅板を敷いて接地面積を大きくし，放電回路の接地電位（零電位）の変動を小さくする，およびオシロスコープへの外部トリガー信号を光電変換し，高周波ノイズを低減するなどの対策が必要になる．

〔2〕**衝突時間信号の測定**

　衝突時間信号は，図 5.64 の 2 枚の金属薄板から引出し線，測定回路を通り，オシロスコープに記録される．可動薄板の変形過程を**図 5.66** に示す．

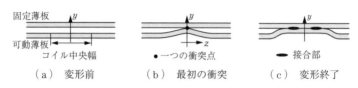

図 5.66　可動薄板の変形過程

　図 5.66（a）は変形前の断面で，図 5.64 のコイル中央直線部の上方に位置する 2 枚の金属薄板を示している．図 5.66（b）は高速変形する可動薄板が固定薄板に最初に衝突した瞬間であり，変形形状は y 軸対称で，下に凹，上に凸の半円筒状である．図 5.66（b）以後，可動薄板の未衝突部は，$\pm z$ 方向で固定薄板に連続的に傾斜衝突する．2 枚の金属薄板は，図 5.66（c）の形状で変形を終了する．

　可動薄板の変形は，放電電流がコイルに流れて始まる．そのため，放電電流の立上り時刻が時間基準（$t=0$）になる．図 5.66（b）の最初の衝突における時間を知るには，放電電流との同時測定が必要である．衝突時間信号の検出を**図 5.67** に，測定回路を**図 5.68** に示す[28]．この電気的な測定法はピンコンタクト法に似た方法で，図 5.67 の固定薄板がピンに相当する．放電電流が流れると，図 5.64 もしくは図 5.67 からの引出し線に誘導電圧 $e(t)$ が生じる．$e(t)$ は衝突時間信号源である．図 5.67 の最初の衝突で，等価なスイッチ S が閉じられると，誘導電圧 $e(t)$ は図 5.68 の同軸ケーブルを通って測定回路のパルストランスの一次側に加わり，二次電圧に変換され，衝突時間信号としてオシロスコープに記録される．測定回路の 50 Ω は整合抵抗，150 kΩ は制動抵抗である．

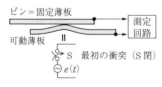

図 5.67　衝突時間信号の検出

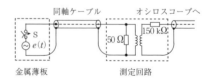

図 5.68　衝突時間信号の測定回路

〔3〕 放電電流と衝突時間

同時測定で得られた放電電流（上段）および衝突時間信号（下段）の一例を図5.69に示す[27]．放電エネルギーは2.0 kJ，可動薄板は工業用純アルミニウム（A 1050-H 24）で，板厚は1.5 mmである．図5.69（a）は間隙長が0.38 mmの，図5.69（b）は間隙長が0.80 mmの波形である．放電電流が流れる初期に，高周波ノイズが衝突時間信号に重畳するが，3 µs弱で消滅している．ノイズ周波数は，放電電流や衝突時間信号の周波数の約50倍である．図5.64の測定系は十分な応答速度を持ち，正確な波形測定を保証する．

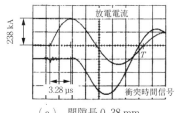 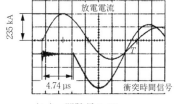

（a） 間隙長 0.38 mm　　　　　　（b） 間隙長 0.80 mm

図5.69 放電電流と衝突時間信号（純アルミニウム板，板厚 1.5 mm）

放電電流の最大値は約235 kA，周期 T は約14.24 µs，周波数は約70 kHzである．衝突時間信号と放電電流の立上り時刻の差が最初の衝突時間であり，間隙長が0.38 mmで3.28 µs，間隙長が0.80 mmで4.74 µsである．間隙長が大きくなると，衝突時間は長い．この測定法では，最初の衝突の状態が電気的に保持されるため，検出は1回に限られる．図5.66（b）の最初の衝突以降，可動薄板の未衝突部が $\pm z$ 方向で連続的に傾斜衝突する時間を検出できない．

5.5.4 両面からの電磁圧接

この圧接法では，図5.60の上下2枚の平板から成るH形平板状コイルが用いられ，電磁力は2枚の金属薄板に生じる．すべての金属薄板は，図5.62に示されるようにコイルの内側に配置される．また，密着した2枚の金属薄板のシーム接合も可能である[29]．

〔1〕 純アルミニウム板と低炭素鋼板との圧接板の接合界面

図 5.70 に 1.0 mm 厚の純アルミニウム板と 1.0 mm 厚の低炭素鋼板との圧接板（Al/Fe と略記）の接合界面を示す[29]．○印の Al と Fe の層状構造部，↑印で示される化合物相，および化合物がほとんど見当たらない□印の Al と Fe の近接面である．化合物相は一様な分布でなく局所的に存在し，その厚さは異なる．圧接板は接合面剥離でなく，Al 薄板で破断する．

図 5.70　Al/Fe 電磁圧接板の接合界面（放電エネルギー 2.7 kJ）

〔2〕 2 間隙 3 枚の同時圧接

両面からの電磁圧接法は，電磁力が 2 枚の金属薄板に生じるため，2 枚の接合のみならず 3 枚以上の同時シーム接合が可能である[30]．図 5.71 に金属薄板 2 枚を金属板（平板）1 枚に同時圧接する配置を示す．下板コイルと薄板 1 との間および上板コイルと薄板 3 との間の絶縁フィルムは示されていない．間隙は二つあり，平板 2 と 2 枚の薄板との間に設けられる．

(a) 圧接板分割片（断面）

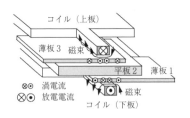

(b) 分割片の引張せん断（平面）

図 5.71　3 枚の同時圧接（断面）　　図 5.72　圧接板分割片と引張せん断

図5.72は，工業用純アルミニウム板（A 1050-H 24）3枚の圧接板分割片を示している．コンデンサー電源容量は100 μF，放電エネルギーは2.0 kJ，二つの間隙長は1.0 mmである．図5.72（a）の圧接板分割片の板厚は，中央の平板2が5 mm，両外側の薄板1と薄板3が0.3 mmである．図5.72（b）は図5.72（a）の分割片を引張せん断した写真で，分割片は接合面剥離でなく0.3 mm厚の薄板で破断している．薄板破断を生じる板厚は，平板は約10 mmまで，2枚の薄板は約1.5 mmまでである．3枚の同時圧接は，純銅どうしの同種接合および純アルミニウムと純銅との異種接合も可能である．

薄板1と3が同質かつ同厚の場合，平板2への衝突は変形速度の大きさが等しいために同時に生じ，衝突後の速度は変形方向が反対であるために0になる．

5.5.5 片面からの電磁圧接 [27]

この圧接法では，図5.61の1枚のE形平板状コイルが用いられ，電磁力は1枚の金属薄板に生じる．図5.63や図5.64に示されるように，2枚の金属薄板がコイルの外側に配置されるため，固定薄板の厚さに制限がない [31]．

図5.69の放電電流と衝突時間信号から，間隙長0.38 mmと0.80 mmにおける衝突時間が得られたが，広範囲の間隙長における衝突時間がわかれば，可動薄板の変形速度（衝突速度）を算出できる．

〔1〕 衝 突 時 間

工業用純アルミニウム板（A 1050-H 24）どうしの衝突時間と間隙長の関係を**図5.73**に示す．コンデンサー電源容量は100 μF，放電エネルギーは2.0 kJ，放電電流の最大値は約235 kA，周期は約14.2 μsである．図5.6の残留インダクタンスL_rとR_rは0.023 μHと2.9 mΩである．間隙長dを0.38～5.17 mmに大きくすると，衝突時間t_cは長くなるが比例でない．t_cが最小と最大の範囲は，0.6 mm厚で2.04～10.32 μs，1.0 mm厚で2.56～15.00 μs，1.5 mm厚で3.28～24.20 μs，2.0 mm厚で3.86～31.40 μsであり，可動薄板の板厚が大きくなると，t_cの範囲は広くなる．

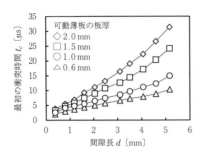
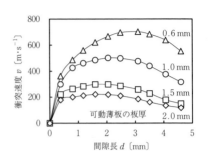

図 5.73　衝突時間と間隙長の関係　　　　図 5.74　衝突速度と間隙長の関係

〔2〕 衝 突 速 度

図 5.73 の衝突時間 t_c が間隙長 d における変形時間であるので，d は変形高さとみなせる．それぞれの間隙長における可動薄板の衝突速度は，図 5.73 の近似曲線式を時間微分して求められ，**図 5.74** のようになる．すべての板厚に対し，変形速度 v は間隙長 0 mm で 0 m·s^{-1} であるが，間隙長 0.38 mm で変形速度 170 m·s^{-1} を超え，最大値に達した後に低くなる．0 mm の 0 m·s^{-1} を除き，間隙長 4.6 mm まで，可動薄板の変形速度がおよその最小と最大の範囲は，板厚 0.6 mm，1.0 mm，1.5 mm および 2.0 mm に対し，それぞれ 360～700 m·s^{-1}，300～500 m·s^{-1}，150～300 m·s^{-1} および 120～220 m·s^{-1} である．板厚が大きくなると，最大速度と最小速度が低くなり，それぞれの板厚における速度差は小さい．

〔3〕 **圧接板のせん断荷重**

図 5.75 は圧接板分割片のせん断荷重 P_a と間隙長 d の関係を示している．P_a は圧接板中央部 3 片の最大荷重の平均値である．圧接板の接合強さをせん断荷重 P_a で評価する．間隙長 0 mm は 2 枚の薄板の密着であり，すべての板厚で未接合であるが，間隙長 d が 0.38 mm の圧接板分割片はすべての板厚で薄板破断であり，間隙の効果[31]が現れる．0.6 mm 厚と 1.0 mm 厚の圧接板は間隙長 d が 0.38 mm から 4.60 mm の広い範囲で薄板破断であり，圧接板は強く接合される．また，間隙長 d が 0.38 mm 以上で，再び未接合になる間隙長は板厚で異なる．1.5 mm 厚の圧接板は間隙長 d が 3.53 mm 以上で未接合

5.5 金属薄板の電磁圧接

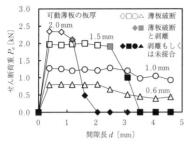
図 5.75 せん断荷重と間隙長の関係

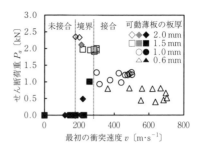
図 5.76 せん断荷重と衝突速度の関係

に，2.0 mm 厚の圧接板は d が 2.04 mm 以上で未接合になる．放電エネルギーが一定の場合，接合可能な間隙長の範囲は，可動薄板の厚さすなわち質量の影響を強く受ける．

〔4〕 圧接板の接合性

図 5.76 は圧接板のせん断荷重 P_a と最初の衝突速度 v の関係を示している．P_a は図 5.75 の，v は図 5.74 の数値である．P_a は 2 本の破線で 3 領域に分けられ，最初の衝突速度 v の増加とともに未接合，境界，接合の領域へ移行する．境界領域には薄板破断，接合面剥離および未接合が混在する．接合領域では各板厚の P_a が v に依存して分布している．したがって，最初の衝突速度は電磁圧接板の接合性に影響を及ぼす主要な因子である．その他の因子として，最初の衝突後の電磁圧接力に影響する衝突時間がある[27]．

〔5〕 純アルミニウム板と純銅板との圧接板の接合界面

図 5.77 は 1.0 mm 厚の A 1050-H 24 純アルミニウム板と 0.6 mm 厚の C 1100-1/4H 純銅板との圧接板（Al/Cu と略記）の接合界面を示している[32]．電源容量は 100 μF，放電エネルギーは 2.0 kJ，間隙長は 1.0 mm である．Al と Cu の接合部に波状組織が形成されており，波状模様は渦巻状である．図 5.78 は図 5.77 の Al の EDS マップである．図 5.78 から，図 5.77 ○印の渦巻部は，元素濃度の異なる層状構造であると考えられる．図 5.77 と図 5.78 を併せると，接合界面の形態は三つに分けられ，○印の Al と Cu の濃度が異なる層状構造部，↑印で示される Al と Cu の化合物相，および化合物がほとんど

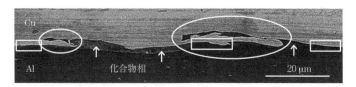

図 5.77 Al/Cu 電磁圧接板の接合界面（放電エネルギー 2.0 kJ）

図 5.78 Al の EDS マップ（図 5.77 の接合界面）

見当たらない□印の Al と Cu の近接面である．化合物相は一様な分布でなく局所的に存在し，その厚さは異なる．

圧接板は接合面剥離でなく，Al 薄板で破断する．図 5.70 の両面からの Al/Fe 圧接板の結果と併せると，電磁圧接板の接合強さが大きい理由は，渦巻状の波状模様，層状構造部，および Al と Cu の近接面の存在によると考えられる．

○印の層状構造は，すべての異種材料の組合せにおいて現れるわけではない．材料の硬さや放電エネルギーなどの影響によると思われる．

〔6〕 **めっき板や超ジュラルミン板の電磁圧接**

電磁圧接は非平衡の現象であり，2 枚の金属薄板の種類により，接合が可能，高い放電エネルギーで可能および不可能に分けられる．接合可能な金属薄板の組合せは，平衡状態図で可能な組合せと関連するようである．

数種類のめっき板は，接合が可能である．3 μm 厚のニッケルめっきを施された純銅薄板への純アルミニウム薄板の圧接[33]では，接合界面の波状組織に及ぼす放電エネルギーの影響，マイクロビッカース硬さ試験による接合界面近傍の硬化が確認されている．また，局部的な溶解・凝固による化合物相の存在が確認されており，ニッケルとアルミニウムから成るアモルファス相の存在も明らかになっている．アモルファス相の形成能を考慮すると，凝固後の冷却速度は $10^6 \mathrm{K \cdot s^{-1}}$ 以上と見積もられる[33]．これらの結果から，圧接板の接合強さ

が大きい理由は，〔5〕の理由に加え，接合界面近傍の硬化および急冷による結晶粒の微細化（非平衡組織の形成）によると考えられる．

1.0 mm 厚の超ジュラルミン A 2024 の T 3 板と T 6 板との圧接板は，接合面剥離でなく T 3 板で破断する接合強さを持つ．放電エネルギーを変えた衝突時間測定，SEM 観察による接合界面の状況，および EDS 分析による析出物などの調査が行われ，接合界面の様相が調べられた[34]．

〔7〕　**数値解析および E 形平板状コイルを用いる電磁力加工**

可動薄板の変形が 5 〜 30 μs で終了するため，連続的な変形形状を計測することは難しい．圧接原理から，可動薄板には，変形のほかに渦電流が流れてジュール熱が発生する．厳密な解析は変形方程式，電磁方程式および熱方程式を連成しなければならず，物理モデルの作成および解法は難しい．磁気圧力を与え，市販の変形数値解析ソフトを用い，1.0 mm 厚の純アルミニウム薄板の変形形状および最初の衝突後の衝突点移動が調べられている[35]．間隙長1.0 mm において，数値解析で求められた衝突時間が圧接実験のそれにおよそ等しいことを確認し，検討は進められた．

E 形平板状コイルの幅を広くすると，金属薄板の電磁張出し成形が可能である．0.15 mm 厚の SUS 304−O 薄鋼板を連続する蛇行溝の金型へ電磁張出しし，成形品のしわと反りの抑制，および電磁力成分と分布が検討されている[36]．また，0.5 mm 厚の純アルミニウム薄板を円穴へ自由張出しする FEM シミュレーションが行われ，成形高さと板厚ひずみが精度よく予測された[37]．

近年，金属箔のマイクロせん断加工に，電磁力や落錘によるパンチレスの衝撃加工が注目されている．S 字構造および同じせん断長さの複数穴の同時打ち抜き実験で，ドライバー材や必要なエネルギーなどが検討されている[38]．

5.5.6　電磁圧接の技術展開

この電磁圧接は，電磁力で良導電性の薄板を同種または異種の金属薄板へ高速衝突させて両者を固相状態で接合させる．異種金属板の接合界面には，金属間化合物が生じるが，波状組織の生成，界面組織の微細化などの理由から接合

強さが得られる[33,39]．これは電磁圧接法の最大の利点である．現在のところ，この圧接法は広く普及していない．ここでは，記述できなかった多くの技術を紹介し，今後のユーザーニーズの多様化に向けて今後の展開を期待したい．

〔1〕 **金属薄板の板継ぎ**（長さ1 m）

従来の機械的な板継ぎ法に代わる方法として特許登録されている（登録番号4313276）．板継ぎ時間が極端に短くなる．

〔2〕 **接近並列シーム溶接**（シーム溶接幅の増加）

シーム溶接の接合部分が4箇所になり，条件を選ぶと内側2箇所が一体化され，中央部分も圧接される[40]．

〔3〕 **積層式電磁圧接法**（加速用ドライバー使用）

加速用ドライバーとしてアルミニウム薄板を使用し，良導電性でないステンレス薄板どうしなどを衝突させて圧接できる．箔どうしも同様に圧接できる．

〔4〕 **電子部品**（端子板，配線基板）**の圧接**

はんだ付けに代わる方法として特許登録されている（登録番号4644559，5274944）．端子板，フレキシブルプリント配線板などを多数同時に圧接できる特徴がある．

〔5〕 **コイルへ流す放電電流の減少法**

トランスを使用して一次側（電源側）電流を減らす方法，平板状多数ターンコイルを使用してコイル電流を減らす方法が提案，実験されている．

引用・参考文献

1) 柳父悟：パルスパワー技術とその応用，(1992)，オーム社．

2) 根岸秀明・鈴木秀雄・前田禎三：塑性と加工，**18**-192 (1977)，16-21.

3) 鈴木秀雄・根岸秀明・新井洋二・指宿力：日本機械学会論文集（第3部），**39**-317 (1973)，432-440.

4) 佐野利男・村越庸一・高橋正春・寺崎正好・松野建一：機械技術研究所報告，**150** (1990)，8-17.

5) Sano, T.：Theoretical Appl. Mech., **25** (1975), 103-109.

引 用 ・ 参 考 文 献　　　　221

6)　Sano, T.：Theoretical Appl. Mech., **27**（1977）, 409-417.

7)　Sano, T., Takahasi, M., Murakoshi, Y., Terasaki, M & Matsuno, K.：Theoretical Appl. Mech., **36**（1986）, 367-377.

8)　佐野利男・高橋正春・村越庸一・松野建一：昭和 61 年度塑性加工春季講演会講演論文集，（1986），551-554.

9)　阿部佑二ほか：第 39 回塑性加工連合講演会講演論文集，（1988），29-32.

10)　Psyk, V., Risch, D., Kinsey, B. L., Tekkaya, A. E. & Kleiner, M.：J. of Mat. Proc. Tech., 211（2011）, 787-829.

11)　村田眞・根岸秀明・鈴木秀雄：塑性と加工，**23**-262（1982），1095-1102.

12)　村田眞・横内康人・鈴木秀雄：日本機械学会論文集（C 編），**55**-510（1989），461-465.

13)　鈴木秀雄・根岸秀明・横内康人・村田眞・大久保成隆：日本機械学会論文集（C 編），**53**-490（1987），1263-1268.

14)　村田眞・根岸秀明・鈴木秀雄：塑性と加工，**24**-274（1983），1120-1125.

15)　橋本成一・江口法孝・今村美速：R&D 神戸製鋼技報，**57**-2（2007），65-69.

16)　Takahashi, M., Murakoshi, Y., Sano, T. & Matsuno, K.：Proc. of Advanced Manuf. Tech.,（1989）, 275-282.

17)　Murakoshi, Y., Takahashi, M., Sano, T. & Matsuno, K.：J. of Mat. Proc. Tech., **30**（1992）, 329-339.

18)　寺崎正好・高橋正春・村越庸一・佐野利男・松野建一・松本栄・荷福正治：機械技術研究所報告，**40**-6（1986），34-44.

19)　Murakoshi, Y., Takahashi, M., Terasaki, M., Sano, T., Matsuno, K. & Takeishi, H.：Proc. of Advanced Manuf. Tech., II（1990）, 939-944.

20)　特許：出願公告番号昭 35-11813.

21)　日本塑性加工学会編：塑性加工便覧，（2006），805-807，コロナ社.

22)　溶接学会編：溶接・接合便覧，（2003），470-471，丸善.

23)　相沢友勝：塑性と加工，**38**-438，（1997），621-625.

24)　特許：登録番号 3751153.

25)　相沢友勝・岡川啓悟：塑性と加工，**52**-603，（2011），424-428.

26)　Watanabe, M., Kumai, S., Okagawa, K. & Aizawa, T.：Aluminium Alloys, **2**（2008）, 1992-1997.

27)　石橋正基・岡川啓悟・椛沢栄基：電磁圧接板の接合性に及ぼす衝突速度および衝突時間の影響，塑性と加工，**57**-664（2016），457-461.

28) 石橋正基・岡川啓悟・椛沢栄基・相沢友勝：多数枚のアルミニウム薄板の電磁圧接と衝突時間測定, 塑性と加工, **55**-644 (2014), 858-862.

29) Aizawa, T., Okagawa, K. & Henmi, N.：Impulse magnetic pressure seam welding of aluminum, copper and steel sheets, Advanced Technology of Plasticity, Proceedings of the 7th ICTP, **2** (2002), 28-31.

30) 岡川啓悟・石橋正基・相沢友勝・椛沢栄基：電磁圧接による板厚の異なる3枚のアルミニウム薄板の重ね接合, 第63回塑性加工連合講演会講演論文集, (2012), 385-386.

31) 岡川啓悟・相沢友勝：電磁シーム溶接における間隙の効果と特徴, 塑性と加工, **48**-555 (2007), 323-327.

32) 森本啓太・鈴木亮・糸井貴臣・岡川啓悟：電磁圧接により作製した純アルミニウムおよび純銅接合板の高温強度特性, 軽金属学会　第127回秋期大会講演概要, (2012), 267-268.

33) Itoi, T., Bin Mohamad, A., Suzuki, R. & Okagawa, K.：Microstructure evolution of a dissimilar junction interface between an Al sheet and a Ni-coated Cu sheet joined by magnetic pulse welding, Materials Characterization, **118** (2016), 142-148.

34) 井上祥一・糸井貴臣・岡川啓悟：2000系アルミニウム合金の接合板の作成とその界面組織観察, 軽金属学会　第130回春期大会講演概要, (2016), 33-34.

35) Miyazaki, M., Sasaki, K. & Okada, M.：Influence of gap length on collision angle and collision point velocity of magnetic pressure seam welding, Materials Science Forum, **767** (2014), 166-170.

36) 岡川啓悟・相沢友勝・松澤和夫・廣井徹麿・宮崎裕明：平板状ワンターンコイルを用いたステンレス薄鋼板の電磁張出し成形, 塑性と加工, **49**-565 (2008), 158-162.

37) 廣井徹麿・岡川啓悟・松澤和夫・真鍋健一：平板状ワンターンコイルを用いた電磁張出し成形のFEMシミュレーション, 塑性と加工, **55**-640 (2014), 440-444.

38) 中野弾・加藤正仁・白鳥智美・鈴木洋平・栗飯原拓也：異形複雑形状を持つマイクロ構造の加圧打ち抜き技術の開発, 平成28年度塑性加工春季講演会講演論文集, (2016), 315-316.

39) Watanabe, M., Kumai, S. & Aizawa, T.：Materials Science Forum, **519**-521 (2006), 1145-1150.

40) 相沢友勝・岡川啓悟・石橋正基：平成26年度塑性加工春季講演会講演論文集, (2014), 41-42.

6 衝撃ガス圧成形

6.1 高速鍛造

6.1.1 概　要
〔1〕沿　革

1957年，米国の General Dynamics 社で最初の高速鍛造機（Dynapak）が開発され，その後米国，ドイツの数社で同原理によるものが生産され，日本においても，三菱重工業株式会社では「三菱ダイナパック」，株式会社神戸製鋼所では「ハイフォマック」および株式会社日本製鋼所では「ダイナフォージ」などの名称で生産されるようになった．これらとは別に東急車両製造株式会社で開発された衝撃水圧による加工機「ハイドロパンチ」が開発された．

〔2〕 高速鍛造機（高速ハンマー）のエネルギー[1),2)]

図6.1に高速ハンマーの原理図を示す．発生するエネルギーは，高圧シリンダー内の窒素ガスまたは空気の断熱膨張による仕事が，ラムの運動エネルギーに変換されたものである．いま図において，ラムピストンの断面積をA，膨張前のシリンダー圧力および容積をp_0およびV_0，ガスの定圧比熱と定積比熱の比をγとし，膨張してからのストロークがxとなったときの圧力pは，$p_0\{V_0/(V_0+A\cdot x)\}^\gamma$となる．また加工力$F$は$p\cdot A$

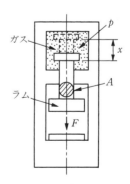

図6.1　高速ハンマーの原理図[1)]

である.ガスのなした仕事 W_p は $\int_0^x Apdx$ で求められるが,通常,高速鍛造機は縦型であるのでラムの質量を m_1 とすると,鍛造機が発生するエネルギー W は

$$W = \frac{p_0 V_0}{\gamma - 1}\left\{1 - \left(\frac{V_0}{V_0 + A\cdot x}\right)^{\gamma - 1}\right\} + m_1 gx \tag{6.1}$$

となる.またフレーム本体が衝撃力緩衝のため,ばねなどにより支えられている場合,本体の質量を m_2 とするとガスの膨張のとき,上昇し相打ちとなる.したがって,この運動系の有効質量 M は $m_1 m_2/(m_1 + m_2)$ となるので,ストローク x における速度 v は,$W = (1/2)Mv^2$ から次式で与えられる.

$$v = \sqrt{\frac{2}{M}\left[\frac{p_0 V_0}{\gamma - 1}\left\{1 - \left(\frac{V_0}{V_0 + A\cdot x}\right)^{\gamma - 1}\right\} + m_1 gx\right]} \tag{6.2}$$

〔3〕 高速鍛造機の構造[3]

図 6.2 に示すようにフレーム,打撃方式にそれぞれ特徴があり,その特性を表 6.1 に示す.

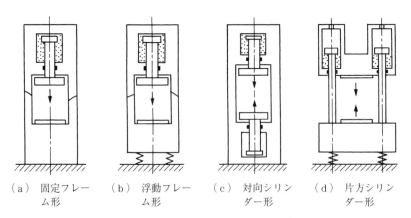

(a) 固定フレーム形　(b) 浮動フレーム形　(c) 対向シリンダー形　(d) 片方シリンダー形

図 6.2　フレーム支持および打撃方式[1]

〔4〕 高速鍛造の特徴[1),4)]

高速鍛造加工および鍛造機の特徴をつぎに記す.

① 加工速度が速いので加工に要する時間がきわめて短い.

② 熱間加工では,加工中の温度の低下が少なく,冷却する前に加工が完了

6.1 高 速 鍛 造

表6.1 各フレーム支持および打撃方式の特徴[1]

	一方打撃形式		相打ち形式	
	固　定フレーム形	浮　動フレーム形	対　　向シリンダー形	片　　方シリンダー形
効　　率	ベッド重量を大きくしないと効率が悪い	良	条件によっては少し悪くなる	良
基　　礎	大きくなる	ほとんど不要	簡単	ほとんど不要
基礎の振動	避けられない	伝わらない	条件によっては少し伝わる	伝わらない
本体の構造	非常に簡単	簡単	複雑	複雑

するので，材料の型の細部に流入する．

③　加工温度の狭い金属の場合でも1回打ちで加工が完了する．

④　摩擦係数の減少により変形に要する力の増加が少ない．

⑤　スプリングバックが少なく金型の抜き勾配が少なくて済む．

⑥　加工後の材料の変形能が改善される場合が多い．

⑦　難加工材の加工が可能である．

⑧　ラム質量に比べエネルギー量が大なので，普通の鍛造機に比べ小型軽量となる．

⑨　大きなエネルギーを1回の打撃で加えることができる．

⑩　本体の構造が相打ちであれば基礎にはほとんど振動が加わらない．

6.1.2　加　工　機　械

高速鍛造機および成形装置は，国内で開発されたもののうち一例を記す．

〔1〕　ダイナパック[5),6)]

図6.3（a），（b）に作動原理図を示す．まず図（a）は油圧ジャッキ⑥によりラム④を押し上げ，高圧室②内のOリング③に押し付け，Oリング内の高圧ガスを小穴①から大気中に開放するとシリンダーの受圧面積差によりラムは保持され，それと同時にラムロック⑤により固定される．このあと油圧ジャッキは元の位置に戻る．ラムの降下は，まずラムロックを抜き，小

6. 衝撃ガス圧成形

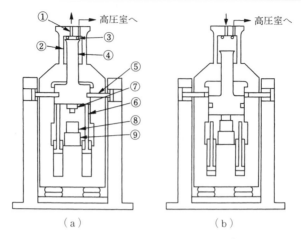

図6.3 ダイナパックの作動原理図[5]

穴①からトリガーガスを入れ，高圧ガスにより加速する．つぎに図(b)のようにラムに取り付けられた工具⑦は，金敷⑨上の工具⑧内にある材料を高速で加工する．加工の終了とともに油圧ジャッキによりラムは押し上げられ，この繰返しにより加工が続けられる．

〔2〕 **ハイドロパンチ**[7〜11]

図6.4に示すように，ハンマーを圧縮空気により落下させ，衝撃的に水圧を高め，その衝撃水圧により加工を行う．図の金型部分に適当な工具を取り付けることにより，圧液を介してバルジ，鍛造，押出し，粉末成形加工，高液圧処理，衝撃合成，および焼結前処理を行うことができる．

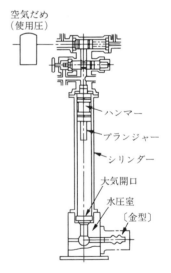

図6.4 衝撃水圧成形装置の略図[10]

6.1.3 金型
〔1〕 金型材料[12]

　金型は熱間加工では被加工材の熱のため軟化し，だれや割れなどが生じ，また変形時の摩擦抵抗による摩耗が起こる．さらに高速加工時の衝撃力を受けるので，材料の耐熱性，対摩耗性および耐衝撃性が必要である．材質的には，5%Cr系のCr-Mo-V(W)鋼，すなわちダイス鋼や，高速度鋼などの合金工具鋼が使用される．

〔2〕 型設計[13]

　金型の設計に際して注意すべき事項は，以下のとおりである．
① 加工機械のノックアウト装置を有効に利用できる構造とし，金型，素材の接触時間を短くして，金型の熱的負荷を最小にするような構造であること．
② 金型の変形，摩擦などを考慮して損耗部分の交換が短時間に容易にでき費用が最小ですむような構造であること．
③ ダイには円周方向の大きな円周方向応力が作用するので，適切な材質の補強リングの構造とする．**図6.5**に平歯車用の金型図を示す．
④ パンチやダイの固定には，応用集中を生じないような構造が望ましい．

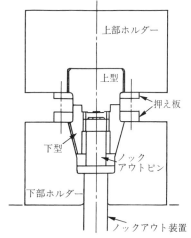

図6.5　平歯車用の金型図[13]

6.1.4 加工例

　おもに複雑な形状も製品を熱間加工により，また難加工材[14),15)]のものが成形されている．**表6.2**は高速鍛造製品例を示す．

228　　6. 衝撃ガス圧成形

表6.2 高速鍛造法による試作例[12]

品　名	材　質	ビレット寸法〔mm〕	質　量〔kg〕	加工温度〔℃〕	エネルギー〔kN·m〕
コーナー補強用板	2014 Al	38×19			12
送信管用アノード	Cu	38×13			
酸素ノズル	Cu		4.1		39
ガンボルト	C 1118 鋼	32×69		室温	
フランジ	347 鋼		1.8		46
フランジ	17-9 DL 鋼	51×19		1 150	46
フレキシブルダイアグラム	E-17, H-11	33×33	0.35	1 090	30
雲　形　板	8740 鋼	38×84	0.54	1 180	13
歯　　　車	9310 鋼	41×117	1.2	1 090	19
ギヤボックス	410 鋼	140×140	1.6	1 180	
ローターフランジ	8650	48×112	1.1	1 200	39
フランジ付きシャフト	4350	91×33	1.6	1 180	24
タービンディスク	VCATi			980	23
X 線ターゲット	W	70×76		1 670	60
Mo　部　品	Mo	38×38		600 ～ 1 200	

6.2　高速押出し

6.2.1　概　　　要

　一般に押出し加工では，コンテナー中にある材料が押出し中に圧縮力を受け，静水圧成分が高くなり，延性が増加し変形能が上昇する．高速押出し加工は，通常のプレス機械による場合でも比較的加工速度の速い場合に衝撃押出し加工と呼ばれるが，高速鍛造機または衝撃水圧成形機に工具を取り付けて行う場合について述べる．高速押出し加工で問題となるのは，押出し圧力の算出であるが，これに影響を与える因子としては押出し速度，押出し比，押出し加工温度，慣性抵抗およびビレットとコンテナー間の摩擦抵抗などである．ここでは前方押出し加工について説明する．

〔1〕　押出し圧力[2),16)～18)]

　押出し圧力 p_0 は，押出し比 R，加工温度 T および材料の変形抵抗によって変化する．変形抵抗は温度が定まればひずみ速度の関数となり，押出し速度 v

の関数として表される。したがって、加工温度一定の下では、押出し圧力 p_0 は、A，B および m を定数とすると

$$p_0 = (A + B \ln R) v^m \tag{6.3}$$

となる。ただし、この式は慣性抵抗を考慮していない。

つぎに加工温度だけに対しては、押出し圧力 p_T と押出し温度 T（絶対温度）の関係は

$$p_T = a' e^{b'/T} \tag{6.4}$$

で与えられる。ここで e は自然対数の底、a'，b' は定数である。

さらに、押出し速度が高くなると慣性抵抗を考慮しなければならない。ストロークとともに速度が減少するので、押出し初速度 v_0 を用い、最大押出し圧力 p_{max} は次式により求めることができる。

$$p_{max} = a e^{b/T} \ln R + \frac{1}{2} \rho (R v_0)^2 - CT + D \tag{6.5}$$

ここで、ρ は材料の密度、a，b，C および D は定数である。例として、無酸素銅の押出しで、温度範囲を $500 \sim 800$ K とすると $a = 178.4$ MPa，$b = 78.2$，$C = 0.235$ N/mm^2·K，$D = 294$ MPa である。

〔2〕 温度上昇の影響 [19]

塑性変形に費やされる仕事のほとんどは熱に変わる。特に高速変形の場合、発生した熱がほかへ伝わる時間がないので変形部の材料は昇温する。単位体積当りの温度上昇 $\Delta\theta$ は

$$\Delta\theta = \frac{p}{Jc\rho} \tag{6.6}$$

となる。ここで、p は押出し圧力、J は熱の仕事当量、および c と ρ は材料の比熱および密度である。例えば、純アルミニウムを押出し比 $R = 20$，$p = 700$ MPa の場合 $\Delta\theta = 573$ K となる。しかし、このように温度上昇があっても変形部から未変形部へ熱が伝わらなければ変形抵抗の減少は起こらない。これらについての研究 [20]~[22] によれば、高速押出しでは発生熱による押出し抵抗の

減少は考えなくてもよい.

〔3〕 潤　　　　滑[18]

高速加工では潤滑剤は工具と素材の間に拘束されて残留しやすく，そのため良好な潤滑効果が得られやすい.

〔4〕 摩　擦　抵　抗[23]

図6.6にアルミニウムを室温で押し出したときの押出し圧力とストロークを示す．高速押出しの方が押出し圧力が低いのは，押出し中の摩擦の影響が高速では小さいためである.

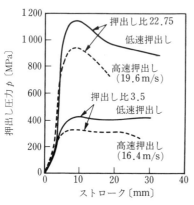

図6.6　押出し圧力とストローク[23]

〔5〕 **慣性力によるちぎれ**[20]

高速押出し特有の現象として，押し出された棒の慣性力により，ダイ出口部で棒に働く引張力は最大となり，この応力が引張強さを越えるとくびれが生じたり，破断が起こる．いま，棒のダイ出口部に働く引張応力を σ_t, パンチストロークを x とすると次式により表される.

$$\sigma_t = \rho R^2 x \ddot{x} + \frac{1}{2}\rho(R\dot{x})^2 \tag{6.7}$$

ここで，$\dot{x}$, $\ddot{x}$ は押出し速度および加速度である.

6.2.2　加工機械および工具

高速押出し専用機は，前章で述べた高速鍛造機または衝撃水圧加工装置であり，それらに工具を取り付けて加工を行う方法がとられている.

また工具材料については鍛造，特に冷間鍛造で用いられている工具と同様と考えてよい．また，前章の高速鍛造用金型の項に述べてある注意事項も，そのままあてはまるのでここでは詳細については省略する．なお通常の押出しと同様，前方および後方押出しの両者がある.

6.2.3 製　品　例

　高速押出し法による製品は特に定まったものでなく，従来から行われている衝撃押出し法によるものに代わる場合が多い．

〔1〕 **衝撃押出し法による製品**[24]

　軟質材では絵の具，クリーム状薬品のチューブ類，ショックアブソーバーのケース，アルミニウム・銅合金ではトランス・コンデンサー用のケース，チューブ類，自動車，航空宇宙用部品，銅および鉄系材料には各種器機用のカップ，スリーブ，小型歯車などが多くある．

〔2〕 **粉末焼結合金**[25]

　焼結合金材は鍛造，圧延，スエージングなどの加工法では所定の形状に加工することは困難である．例えば Cu-Al$_2$O$_3$，Cu-W，Ag-CdO などの焼結合金材料は，熱間による高速押出しで加工することが可能となる．

　押出し初期の非定常流れ部分の欠陥をなくすため，**図6.7**に示すように Al，Cu などのダミー材が置かれる．

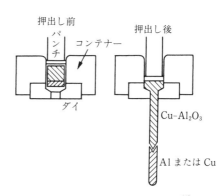

図6.7　粉末焼結合金の押出し[25]

〔3〕 **高融点金属**[26]

　Mo，W および Nb-Zr 合金などはアーク溶解，電子衝撃溶解法により大型のインゴットが作られる．このインゴット材は室温ではもちろん高温でも変形抵抗がきわめて高く，通常の押出しではダイの損耗が著しい．このため，これらの材料に対しては，高速押出しが適用される場合がある．このとき1回の押出しにより，工具内に材料が残らないように工夫する必要があり，ダミー材の使用に加え，ガラス潤滑が用いられている．

6.3 高速せん断

6.3.1 概　　要

　金属材料を通常のプレス速度0.2～0.5m/sより1桁速い高速でせん断すると，だれが少なく，破断面の凹凸の少ない高精度のせん断製品が得られる[27]．高速せん断の効果は，特に鋼材において顕著に現れ，また鋳鉄などの脆性材[28]やアモルファスなどの高硬度材[29]などにも有効であることが報告されている．プラスチックではポリプロピレン，高密度ポリエチレン，塩化ビニルなどで高速せん断の効果がある[30]．

　せん断加工は狭い領域内にひずみを集中させる加工であるため，元来ひずみ速度の速い加工であり，せん断領域は機械プレスでも数百から数千s^{-1}の高ひずみ速度となるが，高速せん断では10 000 s^{-1}以上のひずみ速度となる．高速せん断で得られる切り口面のほとんどが破断面によって形成されている場合は，高ひずみ速度による材料の脆化現象が寄与していると考えられる．一方，塑性変形による材料の局部発熱の影響もあり，温度上昇による材料の局部的軟化によるひずみ集中の効果が顕著になる場合は，純アルミニウムの例のように光沢のある平滑な面が得られている[32]．

　図6.8は，高炭素鋼を高拘束条件下で高速せん断したときに現れたせん断領域の熱集中による再結晶急冷組織である．これはひずみの集中が熱発生の集中を招き，変形時間が短いために熱が散逸されず局部的に高温となった後，未変形部への伝熱によって急冷されたものである．また，鋼材においては青熱脆性の影響もある[31]と考えられている．

　現在高速せん断が実用化されているのは，鋼棒材のせん断加工である．板材の精密せん断方法としては，せん断領域の静水圧を高めてせん

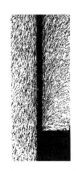

図6.8　高速せん断の変形領域に析出した再結晶急冷組織

断切り口面からクラックを発生させない方法が用いられているが，鋼棒材の軸方向に圧縮力を作用させてせん断領域の静水圧を高めた状態でせん断すると，切り口面は改善されるものの工具の摩耗が著しいために実用上適用が困難であり，鋼棒材ではせん断速度を速める以外に適当な精密せん断の方法がないためである．

また，棒材の場合，板材に比べてせん断方向の最大寸法が大きくなるため，同じせん断速度で加工すると相対的にひずみ速度が遅くなる．つまり，同じプレスで板厚3mmの鋼材をせん断する場合と比べて，直径30mmの丸棒をせん断するときの中心部のひずみ速度は1/10になってしまうため，同じひずみ速度でせん断するためには10倍のせん断速度が要求される．したがって，棒材では直径が大きいほどせん断速度を速める必要があり，適当なひずみ速度を保つために高速せん断が必要になるといえる．

6.3.2 装　　　　　置

高速せん断用としては，つぎのような装置が開発された．

（1）　スウェーデンのHjo Mekaniska Verk‐stad社のエアーハンマーは，直径12mm程度の鋼材切断用として用いられており，最大直径20mmの鋼材が切断できる装置まである．この装置の弱点としては，1ショットごとに圧縮気を放出するため，エネルギー効率があまり良くないこと，径が大きな棒を切断するには大型のコンプレッサーを必要とすることである．

（2）　米国Verson Allsteel Press社では，英国バーミンガム大学で開発されたプロパンガスを爆発させてラムを加速するペトロフォージ機を用いた高速せん断装置が製造された．

（3）　佐藤鉄工株式会社では，最大直径30mmの鋼材が切断できる空圧式高速せん断機を製造している．この装置は，クランクプレスのラムの下降時に気体を圧縮してエネルギーを蓄え，この圧縮気によって別のラムを急加速する装置を利用している[33]．

空圧式ラム加速装置の原理は，つぎのようなものである．

（1） シリンダー内に適当な圧力の圧縮気を供給逆止弁を通して封入すると，ピストンは圧縮気によって押し上げられて上昇し，これに付属している吊り軸によってラムが引き上げられ，図6.9（a）に示された状態となる．

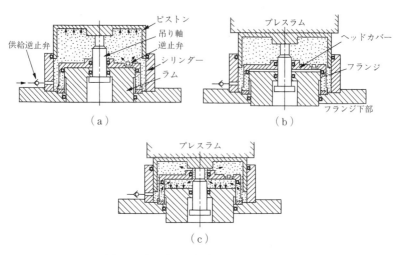

図6.9 空圧式ラム加速装置の作動原理図

（2） プレスのラムによってピストンが押し下げられると，シリンダー内の圧縮気はさらに圧縮されエネルギーを蓄える．このとき，同図（b）のように吊り軸が降下するため，ラムもわずかに降下するが，ラム上面とヘッドカバーの間が負圧になり，ラムはフランジ下部に作用するシリンダー内圧によって支えられる．

（3） クランクプレスのラムが下死点付近までピストンを降下させると，同図（c）のように吊り軸とヘッドカバーとの間に隙間を生じ，圧縮気が加速ラム上面に流れ込み，ラムは降下し始める．降下したラムのフランジがヘッドカバーを抜けると，ラム上面の圧力は周囲からの圧縮気の流入によって急上昇し，ラムは急激に加速される．加工は加速ラムの速度エネルギーによって行われる．

（4） 加速後クランクプレスのラムが上昇することにより，シリンダー内圧によってピストンが上昇し，これによって加速ラムも吊り軸によって引き上げられ，同図（a）の状態に戻る．このとき，ラムとヘッドカバーの間の圧縮気

はヘッドカバーに取り付けられた逆止弁を通ってシリンダーに戻る．

この装置は運転中に気体を逃がさないためエネルギー効率が良く，クランクプレスのラムと完全に同期して動作を繰り返すので，毎分ストローク数はクランク軸の回転数によって調整する．また，シリンダーへの初期封入圧の設定だけでエネルギー調整ができるなどの特徴がある．この装置の小型のものは300ストローク/min程度までの高速運転が可能であり，中型以上のエアハンマー装置として最適な特性を持っている．

6.3.3 製　　　　品

球状化焼なましした直径30 mmのSCM 418材を，7 m/sの高速および0.2 m/sの低速せん断したときの切り口面を比較した写真を**図6.10**に，粗さ測定の結果を**図6.11**に示す．これらの結果は，低速に比べて高速せん断製品が切り口面の平坦度および平滑度において明らかに優れていることを示している．**図6.12**は，せん断速度が0.2，2および7 m/sのときの各最適工具条件において，せん断した各種材料の切り口面のせん断方向の変形量を調べた結果を示している．これらの材料の機械的性質は**表6.3**に示してあるが，高速せん断において極軟質材であるＳ６Ｃの変形量の減少が顕著である．

棒材のせん断においては，クリアランスが小さい方がだれやつぶれが小さくなり，断面のゆがみが小さくなる．しかし，機械プレス程度のせん断速度では，軟質材を小さなクリアランスでせん断すると，切り口面の凹凸が極度に大きくなるため，凹凸の範囲を許容限度内に保つためには，刃先にリリーフ溝を付けて棒の中心部では大きなクリアランスを与えてせん断する必要がある．と

　　（a）切断速度：7 m/s　　　　　　　（b）切断速度：0.2 m/s
図6.10　球状化焼なましSCM 418材の高速および低速せん断面

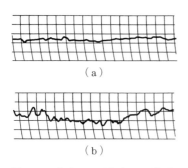

図 6.11 高速および高速せん断切り口面の粗さの測定結果（SCM 球状化焼なまし材 $\phi 30$ mm）

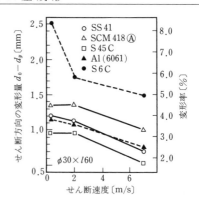

図 6.12 各種材料のせん断速度と切り口面の変形量の関係

表 6.3 各種材料の機械的性質

	SS 41	S 45 C	SCM 418 Ⓐ	Al (6061)	S 6 C
引張強さ〔MPa〕	500	740	580	320	330
伸び〔％〕	19	19	24	22	48
硬さ（HRB）	84	95	91	55	50

ころが，高速せん断では，クリアランスが小さくても切り口面の凹凸が小さく保たれるため，小さなクリアランスが適用でき，切り口面の変形をより小さく抑えることができる．

高速せん断の大きな利点は，切り口面の高精度化と安定化によってもたらされるせん断製品の重量ばらつきの減少である．SCM 相当材における重量ばらつきは，長さ換算で ±0.05 mm 程度に抑えることが可能であり，例えば，高速せん断は冷間鍛造用の素材取りなどに用途がある．

引用・参考文献

1) 山口正邦：塑性と加工，**7**-71 (1966), 627-635.
2) 石井満：塑性と加工，**6**-56 (1965), 487-498.
3) 日本塑性加工学会編：最新塑性加工要覧，(1986), 261.

引 用 ・ 参 考 文 献　　　237

4)　霜鳥一三・高橋伝・三戸暁：塑性と加工，**14**-145 (1973)，93–100.

5)　大矢根守哉・本田栄一：高速鍛造，(1969)，13，日刊工業新聞社.

6)　三菱重工業株式会社：三菱ダイナパック金属成形機説明書.

7)　富永寛・高松正誠：塑性と加工，**7**-69 (1966)，548–555.

8)　山田敏郎・可児弘毅：塑性と加工，**18**-192 (1977)，35–42.

9)　富永寛・鈴木彗：塑性と加工，**23**-255 (1982)，321–327.

10)　高松正誠：プレス技術，**5**-8 (1967)，43.

11)　鈴木彗：第 99 回塑性加工シンポジウムテキスト，(1985)，17–27.

12)　鍛造ハンドブック編集委員会編：鍛造ハンドブック，(1971)，479，487，日刊工業新聞社.

13)　及川正ほか：日本製鋼技報，21 (1966)，43–48.

14)　山本博一：塑性と加工，**10**-103 (1969)，548–559.

15)　三戸暁・霜鳥一三・木村伝：塑性と加工，**11**-118 (1970)，838；**11**-119 (1970)，905–912；**14**-145 (1973)，93–100.

16)　河田和美ほか：塑性と加工，**4**-24 (1963)，877–884.

17)　石井満：塑性と加工，**8**-79 (1967)，406–413.

18)　大山致知：塑性と加工，**15**-163 (1974)，593–598.

19)　大山致知・和泉修：塑性と加工，**6**-50 (1965)，141–147.

20)　河田和美・鈴木正敏・池田定雄・田頭扶：塑性と加工，**7**-71 (1966)，615–621.

21)　Tanner, R. I., et al.：Int. J. Mech. Sci.,**1** (1960),28–44.

22)　Singer, A. R. E., et al.：J. Inst. Met.,**89** (1960 ～ 61),177–182.

23)　大矢根守哉ほか：プレス技術，**5**-8 (1967)，31.

24)　五弓勇雄：金属塑性加工の進歩，(1978)，150，コロナ社.

25)　石井満：塑性と加工，**9**-88 (1968)，345–348.

26)　石井満：塑性と加工，**9**-88 (1968)，413–415.

27)　Zener, C., et al.：J. Appl. Phys.,**15** (1944),22–32.

28)　Davis, R., et al.：Proc. Inst. Mech. Eng., Pt. 3, 180 (1965/66),1182.

29)　佐野利男ほか：昭和 60 年度塑性加工春季講演会講演論文集，(1985)，555–558.

30)　前田禎三・樋口俊郎：塑性と加工，**17**-183 (1976)，316–321.

31)　柳原直人・斎藤博・中川威雄：塑性と加工，**23**-252 (1982)，71–78.

32)　後藤學・山下実・大野誠：塑性と加工，**33**-383 (1992)，1374–1379.

33)　柳原直人・斎藤博・中川威雄：塑性と加工，**22**-242 (1981)，245–251.

索　　引

【あ】

アーク放電	132, 134
圧縮荷重	56
圧接板	216
圧　着	3
圧　粉	203
圧粉・焼結法	160
圧粉体	161
圧力容器	190
穴あけ	181
穴あけ加工	181
アモルファス合金	197

【い】

異材溶接	82
異種金属の接合	76
異種金属板	219
板材成形	177
一軸応力	50
一軸応力状態	17
一軸ひずみ状態	44
一次元弾性波理論	50
一定ひずみ速度試験	56

【う】

渦電流	208
薄肉管	194
うねり	196
ウルツ鉱型窒化ホウ素合成	114
運動方程式	34

【え】

エアーハンマー	233
液圧バルジ	94
液中放電成形	7
エントロピー	46, 108

【お】

応力波効果	54
押出し加工	228

【か】

外部装薬法	84
かえり高さ	200
拡管型成形	183
拡管コイル	175
加工硬化	56
重ね合せ爆着継手	87
かしめ	193
ガス吸着層	67
ガス膨張運動	93
可塑性爆薬	126
型設計	227
金型材料	227
火薬類	125
火薬類取締法	125
カルマンの渦列	71
管	
――と管板の爆発圧着	87
――の接合	83
管材成形	181
管状法	108
慣性力	35, 230

【き】

キャビテーション	93
境界条件	13
境界面摩擦	15, 51
矯正加工	194
局部的軟化	232
局部発熱	232
切り口断面	200
金属薄板の板継ぎ	220
金属間化合物	219

【き（続）】

金属細線	136
金属ジェット	66, 112, 188, 209
金属蒸気	144
金属複合品	73
金属粉末	65
金属ライナー	112

【く】

空圧式ラム加速装置	233
口広げ加工	184
クラッド	73
クラッド材	63
グロー放電	134

【け】

形状変化	15, 17

【こ】

コイル	168
高圧ガス	1, 11
高圧シリンダー	223
高エネルギー速度加工	1
工具接触面	13
高硬化層	65
構成式	13, 17, 34, 39
高性能爆薬	98
高速圧粉体	161
高速打抜き	199
高速押出し	228
高速材料試験	14
高速せん断	232
高速塑性変形	12
高速鍛造機	223, 230
高電圧放電	1
高ひずみ速度変形	36
高密度磁束	207
高融点金属	231

索引 239

黒色火薬 62
コロナ放電 134
コンデンサー 131, 136, 168
コンデンサー容量 178

【さ】

サーチコイル 210
三角波 145
酸化被膜 67
残留応力 120

【し】

磁気圧力 172, 209
磁気エネルギー 173
自己インダクタンス 175
シース法 205
磁束集中器 187
磁束密度 171, 173
磁場 171
シーム圧接長 210
シームレス 158
充電エネルギー 178
充電電圧 168
自由バルジ成形 147
縮管コイル 175
ジュール加熱 138
潤滑剤 230
準静的塑性変形 39
準静的ひずみ速度 14
準静的変形 36
衝撃圧縮 108
衝撃圧縮曲線 46
衝撃圧分布 94
衝撃圧力 46
衝撃圧力波 143
衝撃インピーダンス 46, 116
衝撃押出し法 231
衝撃磁場 1
衝撃水圧 223, 226
衝撃水圧加工装置 230
衝撃大電流放電 136, 143
衝撃波 44
衝撃・爆発圧粉 3
衝撃波面 16
状態方程式 14, 16, 44
衝突角 67

衝突過程 68
衝突時間 213, 215
衝突時間信号 209, 211
衝突速度 67, 216
衝突点移動速度 67
磁力線 173
シール性 190
真円度 196

【す】

水撃作用 93
水中衝撃波 93
水中衝撃波フォーカッシング法 152
水中爆発 96
水中放電 131
水頭 94
数値解析 43
スエージ加工 169
スパイラルコイル 170, 177
スプリングバック 131, 194, 225
スポール破壊 110

【せ】

脆化現象 232
成形コイル 170
清浄表面 67
静的圧粉 204
静的液圧成形 184
静電エネルギー 174
精密成形性 98
積層式電磁圧接法 220
絶縁材料 175
接近並列シーム溶接 220
接合 188
接合界面 69, 188, 219
石膏型 152
接合継手 189
接触面 56
全周同時起爆 86
せん断加工 181
全面圧着法 63

【そ】

相転移 46

速度依存性 43
塑性波 45
塑性ヒンジ 94
塑性変形の伝播速度 26
ソレノイドコイル 169, 177

【た】

対称衝突 68, 71
対数則 41
体積ひずみ速度 46
体積変化 16
ダイナパック 225
ダイナマイト 62
ダイヤモンド 62
ダイヤモンド合成 114
打撃棒 48
多層複合板 76
谷村・三村構成モデル 43
単間隙放電 132
弾性波 52
断熱膨張 68
短絡スイッチ 175

【ち】

力の釣合い 34
チタンクラッド鋼 73
中間温度脆性 26
超高圧 65
超高圧力 107
超高磁場 118
超高速圧縮 46
超高ひずみ速度 14
直接通電方式 170
直接電磁成形 193

【て】

低爆速爆薬 86
適正接合条件 71
転位 23
電気エネルギー 136
電極間抵抗 141
電極部消耗現象 134
電源装置 174
電磁圧接 206
電磁圧着 3
電磁エネルギー 9

電磁成形	9, 168	**【は】**		**【ひ】**	
電磁接合	206	ハイドロパンチ	226	ピストン法	150
電磁場	118	鋼の変形抵抗	22	ひずみゲージ	48
電磁ハンマー	177	爆轟圧力	64	ひずみ集中	232
電子部品の圧接	220	爆 速	67	ひずみ速度	23, 25
電磁プレス	11	爆 着	3	ひずみ速度依存性	23
転写加工	155, 158	——によるプラッギング方法		ひずみ速度感受性指数	24
電磁誘導	171		91	ひずみ速度急変試験	56
電磁誘導方式	169	爆着クラッド	74	ひずみ速度履歴	34
電磁溶接	206	爆着チタンクラッド鋼板	73	非対称衝突	71
電磁力	170, 209	爆発圧搾	3	比体積	46
伝播速度	45	爆発圧接	73	引張衝撃波	111
電流密度	171, 173	爆発圧着	3, 6, 63, 66, 73	引張破壊形式	29
		爆発圧粉	3, 7, 64, 107	火花放電	135
【と】		爆発エネルギー	1	飛躍形保存則	44
透過波	49, 53	爆発エネルギー量	5	表皮効果	172
等結合温度	30	爆発拡管溶接	89	表面粗さ	194
等結合ひずみ速度	30	爆発拡管溶接法	88	ピンコンタクト法	149, 212
透磁率	172	爆発加工	62		
導線放電	132, 138	爆発加工室	123	**【ふ】**	
動的圧粉	204	爆発加工用爆薬	126	複間隙放電	132
動的塑性曲線	18, 38	爆発硬化	3, 7, 64, 98	プラズマ	118
ドライバー	179	爆発硬化高マンガン鋼		プラントル-ロイスの式	39
ドライバー板	115		103, 105	不連続波	44
トランジション継手	82	爆発硬化法	64	不連続波面	35
トリガー信号	211	爆発合成	64	分割ホプキンソン棒	48
ドロップハンマー	11	爆発実験容器	123	分散現象	52
		爆発成形	5, 64, 93	粉状爆薬	125
【な】		爆発切断	3, 64, 110	粉じん爆発	202
内外装薬法	84	爆発粉砕	64	粉末圧縮	3
内部装薬法	84	爆発溶接	73	粉末焼結合金	231
波模様	64	爆薬発電機	118	粉末焼結成形法	163
難加工材	227	爆薬レンズ	109, 115	粉末成形	160, 202
軟質成形装薬線	114	波状模様	67, 69		
		はずみ車状装薬法	88	**【へ】**	
【に】		破断伸び	26	平均的摩擦係数	56
入射波	49	破断面	232	平行設置法	88
		張出し加工	178	平板コイル	175, 177
【ね】		バルジ成形	186	平板衝撃試験	14, 44, 46
熱間加工	25	パルス大電流	209	平板状コイル	207
粘 性	38	パルスパワー技術	174	平板状ワンターンコイル	206
粘性係数	40	反射波	49, 53	平板法	108
		バンパービーム	192	平面波法	115
【の】		ハンマー法	203	べき乗則	41
ノイマン効果	65, 112			ペトロフォージ機	233

索　引

変形抵抗　19
変形能　19
変断面打撃棒　56

【ほ】

ポイントチャージ法　88
方形波応力パルス　56
放電圧力　143
放電エネルギー　7
放電回路　136
放電ギャップスイッチ　210
放電現象　134
放電水撃加工　164
放電成形　131
放電大電流　207
放電電流　168
放電被覆加工　165
放電プラズマ　164
ホプキンソン棒　48

【ま】

マイクロ穴あけ加工　158
マイクロ板材加工　153
マイクロ成形　155
摩擦効果　55
マッハ衝撃波　109

【み】

未硬化層　65
密度分布　161

【も】

モンロー効果　65, 112

【ゆ】

有効エネルギー　68

【よ】

溶融層　71

【ら】

落錘衝撃硬化　99
落錘法　58
乱　流　70

【り】

理想爆速　68
粒界強度　30
粒界破壊　29
粒界割れ　30
粒子速度　34

【れ】

冷間加工　25
レインフォース　192
連続体　34

【ろ】

ロゴスキーコイル　210

【C】

Cowper-Symonds モデル　43

【E】

E 形平板状コイル　215

【G】

gather forming 法　97

【J】

Johnson-Cook モデル　43

【P】

PVDF ゲージ　46

【S】

SHPB 圧縮法　48

【Y】

YIM pack 法　88

衝撃塑性加工──衝撃エネルギーを利用した高度成形技術──
Impact Forming (High-energy Rate Forming)
— High-level Forming Technologies using Impact Energy —

Ⓒ 一般社団法人 日本塑性加工学会　2017

2017 年 10 月 12 日　初版第 1 刷発行

検印省略	編　者	一般社団法人 日 本 塑 性 加 工 学 会
	発 行 者	株式会社　コ ロ ナ 社 代 表 者　牛 来 真 也
	印 刷 所	萩原印刷株式会社
	製 本 所	有限会社　愛千製本所

112-0011　東京都文京区千石 4-46-10
発 行 所　株式会社 コ ロ ナ 社
CORONA PUBLISHING CO., LTD.
Tokyo Japan
振替 00140-8-14844・電話 (03)3941-3131(代)
ホームページ　http://www.coronasha.co.jp

ISBN 978-4-339-04377-8　C3353　Printed in Japan　　　　　（横尾）

本書のコピー，スキャン，デジタル化等の無断複製・転載は著作権法上での例外を除き禁じられています。
購入者以外の第三者による本書の電子データ化及び電子書籍化は，いかなる場合も認めていません。
落丁・乱丁はお取替えいたします。

塑性加工全般を網羅した！

塑性加工便覧

CD-ROM付

日本塑性加工学会 編

B5判/1 194頁/本体36 000円/上製・箱入り

編集機構

- ■ **出版部会 部会長** 近藤　一義
- ■ **出版部会 幹事** 石川　孝司
- ■ **執筆責任者**
  （五十音順）

青木　　勇	小豆島　明	阿髙　松男	池　　　浩
井関日出男	上野　恵尉	上野　　隆	遠藤　順一
川井　謙一	木内　　學	後藤　　學	早乙女康典
田中　繁一	団野　　敦	中村　　保	根岸　秀明
林　　　央	福岡新五郎	淵澤　定克	益居　　健
松岡　信一	真鍋　健一	三木　武司	水沼　　晋
村川　正夫			

塑性加工分野の学問・技術に関する膨大かつ貴重な資料を，学会の分科会で活躍中の研究者，技術者から選定した執筆者が，機能的かつ利便性に富むものとして役立て，さらにその先を読み解く資料へとつながる役割を持つように記述した。

主要目次

1.	総　　　論	12.	ロール成形
2.	圧　　　延	13.	チューブフォーミング
3.	押　出　し	14.	高エネルギー速度加工法
4.	引抜き加工	15.	プラスチックの成形加工
5.	鍛　　　造	16.	粉　　　末
6.	転　　　造	17.	接合・複合
7.	せ　ん　断	18.	新加工・特殊加工
8.	板材成形	19.	加工システム
9.	曲　　　げ	20.	塑性加工の理論
10.	矯　　　正	21.	材料の特性
11.	スピニング	22.	塑性加工のトライボロジー

定価は本体価格＋税です。
定価は変更されることがありますのでご了承下さい。

図書目録進呈◆